高等职业教育系列教材

数据分析与可视化

张　涛　编著

机械工业出版社

本书主要介绍目前非常流行的数据分析和数据可视化工具，首先介绍数据分析"三剑客"，即 NumPy、Matplotlib 和 Pandas。NumPy 侧重于科学计算，Matplotlib 侧重于数据可视化，Pandas 侧重于数据分析。然后介绍微软推出的交互式数据分析和可视化工具 Power BI。

本书分为上篇和下篇，上篇介绍使用 Python 实现数据的分析和可视化，通过 4 个项目介绍 NumPy、Matplotlib 和 Pandas 的使用。下篇共 4 个项目，介绍使用微软的 Power BI Desktop 实现数据的分析和可视化。

本书适合作为高职院校大数据、人工智能等专业数据分析和可视化课程的教材，也可作为《人工智能数据处理》1+X 证书的学习用书，同时也适合数据分析初学者、数据分析爱好者、数据分析工程师以及相关培训机构学员学习。

本书配有教学资源包，包含授课电子课件、教学大纲、课时安排、源代码、数据集等，需要的教师可登录 www.cmpedu.com 登录注册、审核通过后下载，或联系编辑索取（微信：13261377872，电话：010-88379739）。

图书在版编目（CIP）数据

数据分析与可视化/张涛编著. —北京：机械工业出版社，2022.8（2024.8 重印）
高等职业教育系列教材

ISBN 978-7-111-71023-3

Ⅰ.①数… Ⅱ.①张… Ⅲ.①可视化软件-统计分析-高等职业教育-教材
Ⅳ.①TP317.3

中国版本图书馆 CIP 数据核字（2022）第 102462 号

机械工业出版社（北京市百万庄大街 22 号　邮政编码 100037）
策划编辑：王海霞　　责任编辑：王海霞
责任校对：张艳霞　　责任印制：单爱军

北京虎彩文化传播有限公司印刷

2024 年 8 月第 1 版·第 4 次印刷
184mm×260mm·14.5 印张·357 千字
标准书号：ISBN 978-7-111-71023-3
定价：65.00 元

电话服务　　　　　　　　　　　　　　网络服务
客服电话：010-88361066　　　　　机　工　官　网：www.cmpbook.com
　　　　　010-88379833　　　　　机　工　官　博：weibo.com/cmp1952
　　　　　010-68326294　　　　　金　书　网：www.golden-book.com
封底无防伪标均为盗版　　　　　机工教育服务网：www.cmpedu.com

Preface
前　言

党的二十大报告指出，教育、科技、人才是全面建设社会主义现代化国家的基础性、战略性支撑。为抢抓人工智能发展的重大战略机遇，构筑我国人工智能发展的先发优势，加快建设创新型国家和世界科技强国，国务院于 2017 年印发了《新一代人工智能发展规划》。规划指明在 2030 年要抢占人工智能领域制高点。为了实现这个目标，我国从小学教育、中学科目，到大学院校，将会逐步新增人工智能的课程，建设全国人才梯队。

作为职业教育中坚力量的高职院校也迅速响应，陆续开设人工智能和大数据相关课程，但当前符合高职院校教学需求的教材比较缺乏。作为人工智能专业核心课程，数据分析与可视化课程的教材也比较缺乏。我们知道，人工智能离不开数据，数据是人工智能的"养料"，我们需要将没有"杂质"的、有价值的数据"喂给"计算机，这样计算机才能从数据中学到经验，达到智能的效果。因此，拿到数据后，首先需要对数据进行预处理，比如合并数据、缺失值处理、重复数据处理、转换数据等，还需要对数据进行分析和统计，找出隐藏在数据中的客观规律。当然，还需要通过可视化图表将数据形象地展现给用户。

另外，随着职业教育 1+X 证书制度的全面展开，越来越多的学生将有机会参加各种职业资格证书的考试。因此课证需要融合，即学校开设的课程全面涵盖 1+X 证书的知识体系和重点内容，这样在相关专业课程完成后，学生就可以参加 1+X 证书考试，不必再花费大量时间进行培训和学习。由科大讯飞主导制定的《人工智能数据处理》等级证书，分为初级、中级和高级三个等级，其中初级和中级需要掌握数据预处理、数据分析与数据可视化的知识。

本书主要涉及数据预处理、数据分析与数据可视化的相关知识，具体包括使用 NumPy 进行数据处理与科学计算、使用 Pandas 进行数据分析与可视化、使用 Matplotlib 进行数据可视化，以及使用 Power BI 进行数据分析与可视化，不仅能够满足高职院校专业课程的实施，而且与 1+X 证书知识体系相融合。

本书特色

1. 课证融合，紧贴实际

本书主要讲解数据预处理、数据分析与数据可视化的知识，不仅满足大数据、人工智能专业相关的专业核心课教学需求，而且符合《人工智能数据处理》1+X 证书的考核要求，达到课证融合，并紧贴实际。

2. 项目教学，融会贯通

每个项目都按项目实现的流程编排，首先提出项目需求，对项目进行分析，梳理项目流程和目标；然后在项目实现过程中引入新知识并及时运用到项目中，帮助读者融会贯通，提高解决实际问题的能力。

3. 注解详细，一目了然

在上篇 Python 数据分析与可视化部分，Python 程序代码中都做了详细的注释，读者理解起来会更加顺畅。另外，由于 Power BI 操作性较强，本书不仅提供了详细操作的截图，而且清晰地标注了图中需要操作的控件，便于读者准确操作。

4. 课后习题，加强巩固

在每个项目的最后都提供课后习题，包括选择题、简答题、编程题和操作题，帮助读者巩固与提高所学知识。

5. 配套丰富，方便教学

本书配套有微课视频，扫描书中二维码，即可观看；配有源代码、配套数据集，方便读者边学边做；还配有专业的电子课件、教学大纲、课时安排，以方便相关院校或培训机构的教学人员授课。

本书内容

上篇　Python 数据分析与可视化

项目 1　使用 NumPy 分析空气质量状况

本项目基于通过网络爬虫或从相关网站得到的空气质量数据集，使用 NumPy 对数据集进行处理和科学计算，并通过统计和分析得到相关指标，为决策提供重要的科学依据。

项目 2　使用 Matplotlib 实现空气质量数据可视化

本项目通过 Matplotlib 可视化工具，对项目 1 处理得到的空气质量数据进行可视化实现。形象地将数据通过折线图、条形图、散点图、子图和饼图展现出来，有助于洞察数据中蕴含的关系和规律。

项目 3　使用 Pandas 分析股票交易数据

本项目基于从东方财富网中获取的股票交易数据，使用 Pandas 对数据集进行处理，并使用统计分析模块对数据进行统计分析，找出规律和趋势，为投资决策提供理论依据，降低投资风险。

项目 4　使用 Pandas 实现股票交易数据可视化

本项目使用 Pandas 内嵌的可视化模块实现股票交易数据的可视化。可视化图形包括折线图、散点图、条形图、饼图和 K 线图。通过可视化图表能够更加客观、形象地找出规律和趋势。

下篇　Power BI 数据分析与可视化

项目 5　空气质量状况分析

本项目使用 Power BI Desktop 实现空气质量数据集的数据预处理、数据分析和数据可视化功能。涉及的可视化图形有折线图、柱形图、饼图、关键影响者图，并通过数据钻取、编辑交互、筛选器和切片器与图表进行更深入、细致的交互。

项目 6 企业财务报表数据分析

本项目使用 Power BI Desktop 实现股票交易数据集的数据预处理、数据建模、数据分析和数据可视化功能。涉及的可视化图形有度量值图、卡片图、矩阵图、瀑布图和 K 线图。

项目 7 银行客户营销分析

本项目基于从 UCI 中获取的某银行电话直销活动的数据集，使用 Power BI Desktop 实现数据集的数据预处理、数据分析和数据可视化功能。涉及的可视化图形有仪表盘、折线和堆积条形图、簇状条形图、关键影响者图和问答系统。

项目 8 电商 App 用户购物行为分析

本项目基于从阿里云天池获取的电商 App 用户购物行为数据集，将其持久化到 MySQL 数据库中，然后使用 Power BI Desktop 实现数据集的数据预处理、数据分析和数据可视化功能。涉及的可视化图形有多行卡、漏斗图、折线图和环形图。

本书作者

张涛，科大讯飞高校人才培养业务线人工智能技术总监，研究方向为数据处理、网络爬虫和机器学习，参与了 1+X 证书《人工智能数据处理职业技能等级标准》的起草工作，并组织了《人工智能数据处理》1+X 证书的师资培训工作。

由于编者水平所限，加之时间仓促，书中可能还存在一些疏漏和不当之处，敬请各位读者斧正。

编 者

目 录 Contents

下篇　Power BI 数据分析与可视化

项目 6　企业财务报表数据分析 ························· 133

项目 7　银行客户营销分析 ································ 171

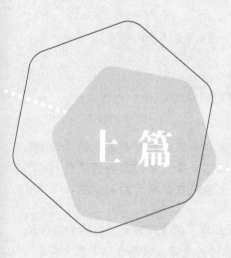

上 篇

Python 数据分析与可视化

    NumPy、**Pandas** 和 **Matplotlib** 并称为数据分析"三剑客",三者都是基于 **Python** 开发的,秉持简单、易用、高效的原则,在人工智能和大数据领域受到极大欢迎。它们不仅拥有十八般武艺,也有自己独特的绝技,**NumPy** 擅长科学计算,**Pandas** 擅长数据分析,**Matplotlib** 擅长数据可视化。

项目 1　使用 NumPy 分析空气质量状况

在人工智能和大数据领域，数据分析是不可或缺的重要一环。在用户拿到的原始数据集中，不可避免地会出现诸如数据缺失、数据重复、数据冗余等现象，需要将这些"脏"数据"清洗"掉，进而对数据进行计算和分析，最终找出隐藏在数据背后的规律，为人们决策提供科学理论依据，为人工智能提供丰富的"养料"。

NumPy（Numerical Python）是用 Python 编写的科学计算库，用来存储大型矩阵和执行大型矩阵的科学计算，在数据处理特别是科学计算方面具有独特的优势，它包含以下几个部分。

1）一个强大的 N 维数组对象 ndarray。

2）丰富的广播功能函数。

3）整合 C/C++/Fortran 代码的工具。

4）线性代数、傅里叶变换、随机数生成等功能。

下面就通过一个项目，循序渐进地学习使用 NumPy 处理数据的方法和技巧。

任务 1.1　项目需求分析

📖【项目介绍】

随着我国物质生活和精神文明水平的提高，环境污染问题越来越受到大家的重视。整治环境，要本着科学的态度，追根溯源，找出问题的关键，这样才能对症下药，标本兼治。数据是客观事实的反映，通过数据分析可以帮助人们揭开规律和趋势；使用数据可视化技术，能够更加生动形象地展示数据，为人们决策提供重要的科学依据。

大量的监测站无时无刻不在监测和记录，使得人们可以很轻松地获取到海量空气质量数据。本项目以某地空气质量数据为例，先通过 Python 爬取数据，再用 NumPy 清洗和分析数据，试图解答以下一系列问题。

1）如何获取某地区空气质量的样本数据？

2）空气中哪些颗粒物对空气质量指数（Air Quality Index，AQI）的影响最大？

3）空气优、良、差的天数和比例是多少？

4）给出一些检测数据，如何预测 AQI 的值？

学完本项目，上述问题就迎刃而解了。

✏️【项目流程】

本项目实现的流程如图 1-1 所示。

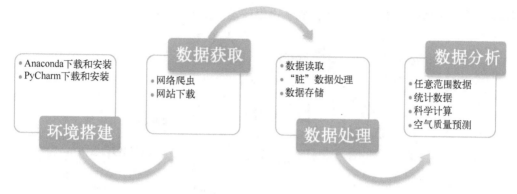

图 1-1　本项目实现流程

环境搭建：搭建本项目需要的环境，主要是 Anaconda 和 PyCharm 的下载和安装。

数据获取：通过各种方法获取空气质量的数据集，如从 Kaggle、UCI 等提供现成数据集的网站上下载，或者使用网络爬虫从网站上爬取数据。

数据处理：拿到的数据一般不能直接使用，因为有很多"脏"数据，如重复数据、空白数据、无意义数据等，需要将其"清洗"干净。

数据分析：从看上去毫无规律、杂乱无章的数据中总结出规律和趋势。

【项目目标】

与项目流程相对应，本项目的学习目标如下。

1）能够正确搭建本书需要的开发环境，即 Anaconda 和 PyCharm。

2）成功获取某地区空气质量数据集。

3）将数据集中的"脏"数据"清洗"干净。

4）给出一些检测数据，能够预测出 AQI 的值。

任务 1.2 环境搭建

1.2.1 开发环境介绍

本书上篇部分需要安装的开发环境有如下几个。

1）编程语言：Python。

2）科学计算库：NumPy。

3）数据分析库：Pandas。

4）数据可视化库：Matplotlib。

5）集成开发环境：PyCharm。

上面的工具不仅需要全部安装成功，有的还需要对环境进行配置，这样既烦琐又容易出错。这里介绍一个开源的 Python 发行版本——Anaconda，它不仅包含了 Python 开发环境，还包含了 NumPy、Pandas、Matplotlib 等众多科学工具包，也包含 Scikit-Learn（简称 sklearn）等机器学习框架，如图 1-2 所示，真正做到了"傻瓜式"安装。

图 1-2　Anaconda 包含的部分工具包

　　PyCharm 是一种 Python 编程的集成开发环境（Integrated Development Environment，IDE），带有一整套可以帮助用户在使用 Python 语言开发时提高效率的工具，比如调试、语法高亮、项目管理、代码跳转、智能提示、自动完成、单元测试和版本控制等。PyCharm 对于专业的 Python Web 开发，也提供了用于开发 Python Web 的 Django 框架。

1.2.2　Anaconda 下载和安装

1. 下载 Anaconda

　　1）Anaconda 分为个人版、团队版和企业版，这里使用个人版就足够了。官方下载网址为 https://www.anaconda.com/products/individual，Anaconda 个人版下载页面如图 1-3 所示。

图 1-3　Anaconda 个人版下载页面

　　2）单击"Download"按钮，跳转到页面底部的下载区域，如图 1-4 所示。

　　Anaconda 是跨平台的，有 Windows、Linux 和 MacOS 版本，读者可以根据自己操作系统的版本及类型（32/64 位）下载最新版的 Anaconda（本书使用的是 Python 3.7）。

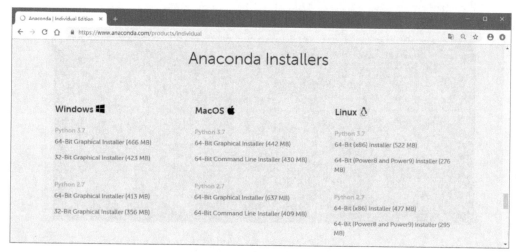

图 1-4　Anaconda 下载区域

如果遇到下载速度较慢、经常掉线的情况，可以转到清华大学开源软件镜像站下载，地址为 https://mirrors.tuna.tsinghua.edu.cn/anaconda/archive/，如图 1-5 所示。

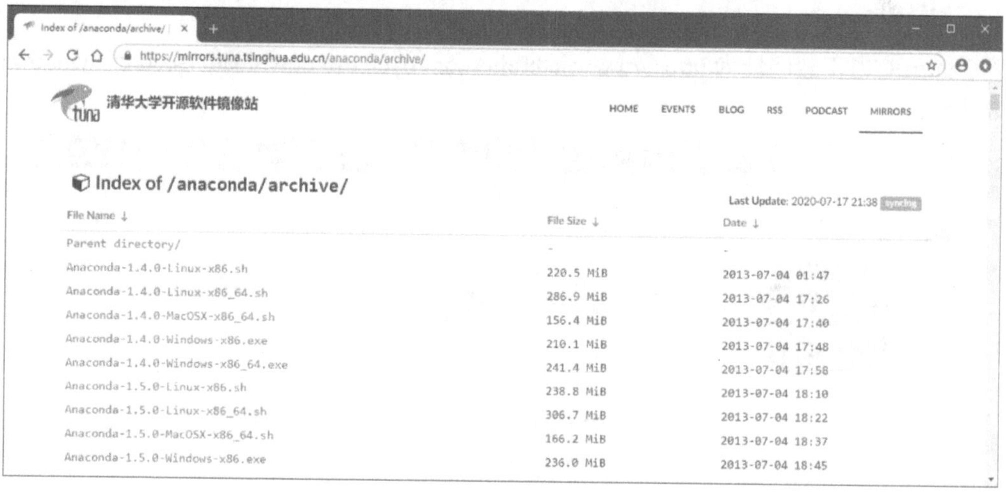

图 1-5　清华大学开源软件镜像站的 Anaconda 下载页面

2. 安装 Anaconda

Anaconda 的安装过程比较简单，直接双击安装包按照提示安装。在安装过程中，进入到如图 1-6 所示的界面时，需要勾选 "Add Anaconda3 to the system PATH environment variable" 和 "Register Anaconda3 as the system Python 3.7" 复选框，将 Anaconda 注册到环境变量中。

3. 验证安装是否成功

如何验证 Anaconda 是否已经安装成功了呢？打开命令行窗口，输入命令：python，如果显示 Python 的版本信息，说明 Anaconda 已经成

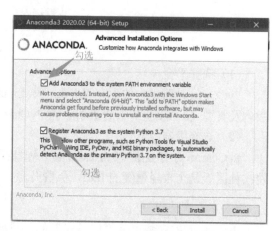

图 1-6　Anaconda 安装设置环境变量

功安装，如图 1-7 所示。

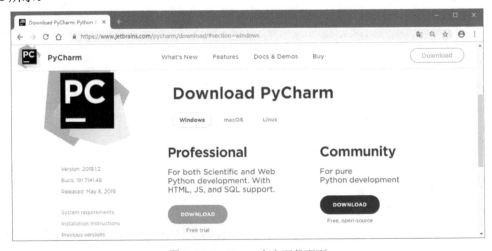

图 1-7　验证是否安装成功

1.2.3　PyCharm 集成开发环境下载和安装

1. 下载 PyCharm

PyCharm 官方下载网址为 https://www.jetbrains.com/pycharm/download/#section=windows，如图 1-8 所示。

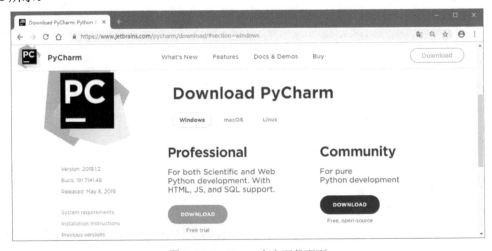

图 1-8　PyCharm 官方下载页面

（1）选择平台

PyCharm 是跨平台的，有 Windows、Linux 和 MacOS 版本，读者可以根据自己操作系统的版本及类型（32/64 位）下载最新版的 PyCharm。

（2）选择版本

PyCharm 分专业版（Professional）和社区版（Community），专业版拥有全部功能，但是收费；社区版是个较轻量级的 IDE，免费开源，对于开发者来说，使用社区版完全够用了。

2. 安装 PyCharm

PyCharm 的安装也是"傻瓜式"的，只要按照提示操作即可。不过，要根据操作系统的实际情况，选择对应的系统类型，如图 1-9 所示。

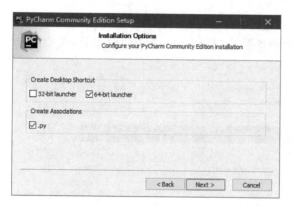

1-3
PyCharm 安装

图 1-9　选择操作系统类型

3. 使用 PyCharm 编写第一个 Python 程序

1）PyCharm 安装完后，如果是第一次打开，会显示如图 1-10 所示的欢迎界面，单击 "Create New Project" 链接后，就会显示如图 1-11 所示的新建 Python 项目对话框。

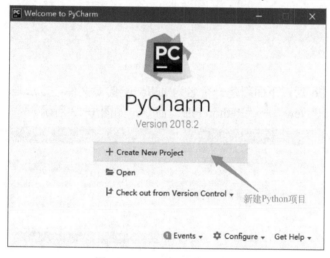

图 1-10　PyCharm 欢迎界面

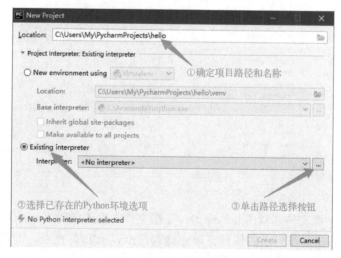

图 1-11　新建项目对话框

2）在图 1-11 所示的新建项目对话框中，首先在"Location"文本框中确定项目路径和名称；然后配置 Python 环境，配置方法参考图 1-11 和图 1-12 中的步骤②～⑥。

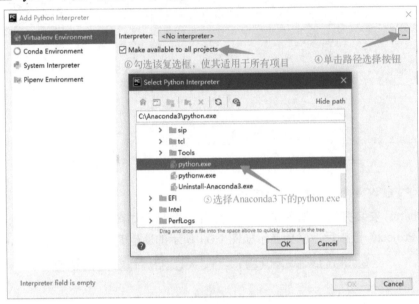

图 1-12　配置 Python 环境

3）创建项目 hello 后，下面新建一个名为 hello.py 的源文件，方法是右击项目 hello，在弹出的快捷菜单中选择"New"→"Python File"命令，如图 1-13 所示。

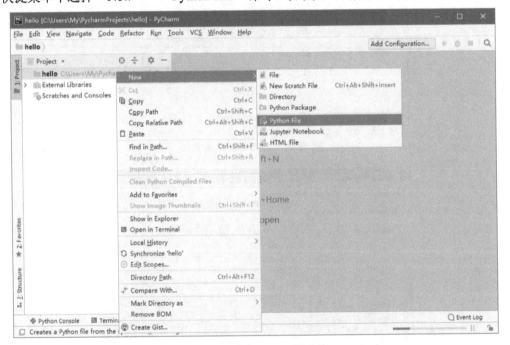

图 1-13　新建 Python 源文件

4）打开 hello.py 源文件（双击 hello.py），在源文件中输入代码"print("hello Python!")"，然后在代码编写区域右击，在弹出的快捷菜单中选择"run 'hello'"命令，即可执行程序。运行结果显示在信息显示区域，如图 1-14 所示。

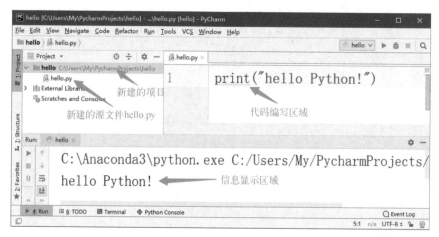

图 1-14　在 PyCharm 中编写并执行 Python 程序

环境搭建成功后，下面围绕一个项目的实现，介绍 NumPy 和 Matplotlib 的具体用法。

任务 1.3　数据获取

要分析某地区的空气质量状况，首先要取得该地区空气的历史数据，获取方式主要有两种，一是通过网络爬虫爬取，二是直接从网站下载。

1.3.1　通过网络爬虫爬取

很多网站提供全国空气质量的历史数据，可以通过网络爬虫技术将这些数据爬取下来，然后将其保存到本地的文件中。这种方式的优点是能够实时获取最新数据，并可以按照自己的需求定制数据。

本案例的数据集就是通过网络爬虫获取到的，采集了空气质量查询网站上某地区 2017—2020 年每天的空气质量数据，文件格式为.csv（数据之间用逗号间隔）。采集的目标网站的网址为 http://www.tianqihoubao.com/aqi/，如图 1-15 所示。通过爬虫得到的数据如图 1-16 所示。感兴趣的读者可以编写爬虫程序自行搜集数据。

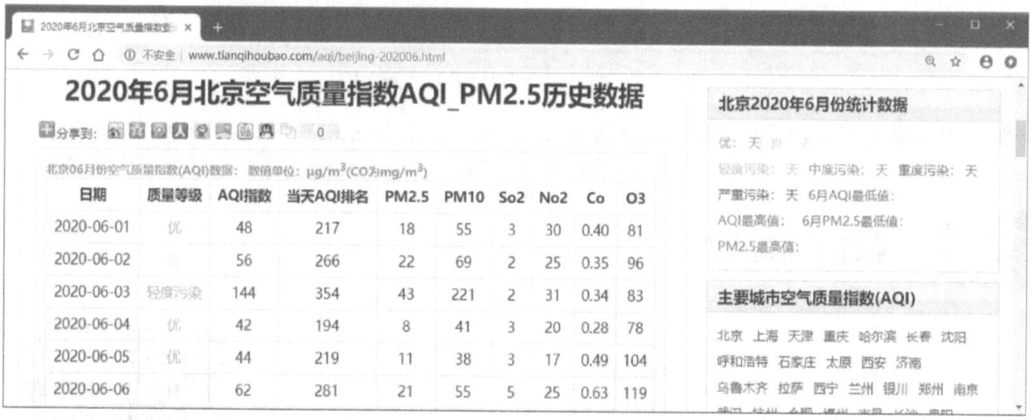

图 1-15　空气质量查询网站

	A	B	C	D	E	F	G	H	I	J	K
1	No	YEAR	MONTH	DAY	PM25	PM10	SO2	NO2	CO	O3	AQI
2	1	2017	1	1	365	430	501	8	131	6.43	454
3	2	2017	1	2	296	161	246	12	92	3.14	220
4	3	2017	1	3	354	290	380	17	137	5.61	338
5	4	2017	1	4	360	344	452	18	145	7.28	393
6	5	2017	1	5	345	224	275	15	109	5.55	276
7	6	2017	1	6	350	194	190	23	104	4.28	245
8	7	2017	1	7	327	165	128	17	80	3.22	211
9	8	2017	1	8	104	36	22	9	33	0.97	54
10	9	2017	1	9	67	32	44	6	36	0.76	49
11	10	2017	1	10	71	23	40	6	32	0.64	44
12	11	2017	1	11	198	56	81	18	70	1.54	77
13	12	2017	1	12	148	39	57	11	46	0.88	59
14	13	2017	1	13	35	7	20	4	19	0.38	30

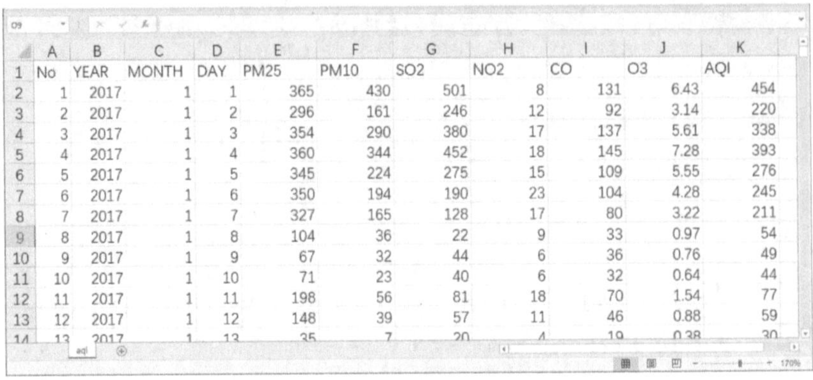

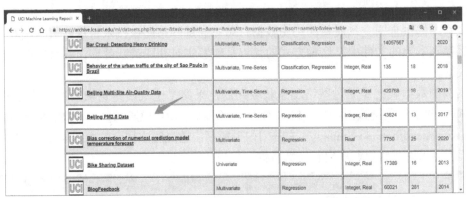

图 1-16　通过爬虫得到的数据

1.3.2　直接从网站下载

一些网站，诸如 AI 竞赛、高校等网站，会提供空气质量相关数据集供开发者使用，可以直接从这些网站下载。这种方式的优点是简单、省心，不需要掌握爬虫技术，也不需要写代码；缺点是获取的不一定是最新数据，而且数据字段、格式等不一定满足自己的需求，后续还需要进一步整理。

很多用于机器学习的数据集也可以从 UCI 中找到。UCI 是加州大学欧文分校（University of California，Irvine）提供的用于机器学习的数据库，网址是https://archive.ics.uci.edu/ml/datasets.php。这里面也有大量空气质量数据集，读者也可以从这里下载。UCI 官方网站数据下载页面如图 1-17 所示。

图 1-17　UCI 官方网站数据下载页面

数据集准备好后，下面就可以进行数据预处理、数据分析和数据可视化等一系列操作了。

任务 1.4　数据预处理

1-4
数据加载和合并

1.4.1　读取数据

NumPy 提供的 loadtxt()函数，能够快速地实现文本数据的读取，以下代码实现了空气质量数据文件 aqi.csv 的读取。

```
import numpy as np
data=np.loadtxt(fname="../data/aqi.csv",delimiter=",",skiprows=1,dtype=float)
```

1）首先导入 NumPy 库（简称 np），然后通过 NumPy 的 loadtxt()函数读取 csv 文件，加载数据到变量 data 中。data 被定义为 NumPy 的一个多维数组对象，类似于 Python 的列表，它可以对海量数据执行高效的数值计算。loadtxt()函数的主要参数如表 1-1 所示。

表 1-1　loadtxt()函数的常用参数

参数	含义	例子
fname	加载的文件路径	fname ="../data/aqi.csv"：读取上级目录 data 下的 aqi.csv 文件
delimiter	数据之间的间隔符	delimiter=","：数据集中的数据之间以逗号分隔
skiprows	忽略数据的位置	skiprows=1：忽略第一行（第一行为标题，不需要读取）
dtype	数据类型	dtype=float：设置数据类型为 float

2）查看 data 中的数据。

```
print(data)#打印所有数据
```

得到的结果：

```
[[1.000e+00 2.017e+03 1.000e+00 ... 1.310e+02 6.430e+00 4.540e+02]
 [2.000e+00 2.017e+03 1.000e+00 ... 9.200e+01 3.140e+00 2.200e+02]
 [3.000e+00 2.017e+03 1.000e+00 ... 1.370e+02 5.610e+00 3.380e+02]
 ...
 [1.234e+03 2.020e+03 6.000e+00 ... 1.700e+01 8.800e-01 8.900e+01]
 [1.235e+03 2.020e+03 6.000e+00 ... 2.600e+01 5.400e-01 4.300e+01]
 [1.236e+03 2.020e+03 6.000e+00 ... 1.600e+01 3.800e-01 3.800e+01]]
```

3）查看 data 的属性。

```
print(data.shape)#数组的维度
print(data.size)#数组中元素总个数
```

结果：

```
(1236, 11)
13596
```

1.4.2　合并多个数据集

有时数据会分布在不同的文件中，处理时需要将多个文件的数据进行合并。数据的合并方式有以下两种。

1. 垂直合并

有时数据会分布在不同文件中，如文件 aqi_2017.csv 中存储了 2017 年空气质量数据，文件 aqi_2018.csv 中存储了 2018 年空气质量数据。这时就需要将这两个文件合并为一个数据集。这种上下合并的方式就是垂直合并，如图 1-18 所示。

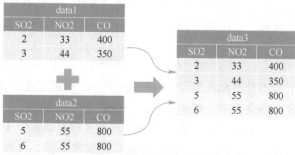

图 1-18　数据的垂直合并示意图

垂直合并的实现代码如下所示。

```
import numpy as np
data1=np.loadtxt("../data/aqi_2017.csv",delimiter=",",skiprows=1,dtype=
float)#加载文件1
data2=np.loadtxt("../data/aqi_2018.csv",delimiter=",",skiprows=1,dtype=
float)#加载文件2
data3=np.vstack((data1,data2))#按行合并两个文件
```

首先通过 loadtxt() 函数分别将两个文件加载到数组 data1 和 data2 中，再通过 vstack() 函数实现垂直合并数据的功能。需要注意的是，在合并的文件中，字段的顺序和数量要一致。

2. 水平合并

有时数据的不同字段分布在不同文件中，如文件 aqi_1.csv 中存储了 SO2 和 NO2 这两个字段的所有数据，文件 aqi_2.csv 中则存储了余下的字段，这时就需要将这两个文件按照列合并，即水平合并，如图 1-19 所示。

data4		data5		data6		
SO2	NO2	CO		SO2	NO2	CO
2	33	400		2	33	400
3	44	350		3	44	350
5	55	800		5	55	800
6	55	800		6	55	800

图 1-19 数据的水平合并示意图

水平合并的实现代码如下所示。

```
import numpy as np
data4=np.loadtxt("../data/aqi_1.csv",delimiter=",",skiprows=1,dtype=float)
                 #加载文件1
data5=np.loadtxt("../data/aqi_2.csv",delimiter=",",skiprows=1,dtype=float)
                 #加载文件2
data6=np.hstack((data4,data5))
```

首先通过 loadtxt() 函数分别将两个文件加载到数组 data4 和 data5 中，再通过 hstack() 函数实现水平合并数据的功能。需要注意的是，在合并的文件中，数据的数量和顺序要一样。

🔊 技能提升

在 NumPy 中，除了可以使用 vstack() 和 hstack() 函数来实现垂直合并和水平合并功能外，还可以使用 row_stack() 和 column_stack() 函数实现同样的功能。对于二维数组，它们的功能与 vstack() 和 hstack() 函数是一样的。另外，也可以使用 concatenate() 函数来实现垂直合并和水平合并功能，代码如下所示。

```
np.concatenate((data1,data2),axis=0)#axis=0 表示垂直合并
np.concatenate((data4,data5),axis=1)# axis=1 表示水平合并
```

另外，NumPy 还支持深度合并。所谓深度合并，就是将一系列数组沿着纵轴（深度）方向进行层叠合并。举个例子，一张彩色图像由 R、G、B 三个通道组成，每个通道分别表示红、绿、蓝三种颜色。已知这三个颜色通道的数据，如何将它们合并起来形成一张彩色图像呢？可以通过 NumPy 的 dstack() 方法实现深度合并，代码如下所示。

```
import numpy as np
```

```
r = np.array([[1,2,3],
              [4,5,6],
              [7,8,9]])
g = np.array([[10,11,12],
              [13,14,15],
              [16,16,17]])
b = np.array([[20,30,40],
              [50,60,70],
              [80,90,100]])
color = np.dstack((r,g,b))
print(color)
```

得到的彩色图像的 color 值如下所示。

```
[[[  1  10  20]
  [  2  11  30]
  [  3  12  40]]

 [[  4  13  50]
  [  5  14  60]
  [  6  15  70]]

 [[  7  16  80]
  [  8  16  90]
  [  9  17 100]]]
```

由结果可知，dstack()方法将 r、g、b 中对应位置上的数合并起来，生成了一个三维数组。

1.4.3　ndarray 数据结构

下面来看一下 NumPy 的多维数组对象，即 ndarray（**n-d**imensional **array**，*N* 维数组）。它类似于 Python 的列表（List），但无论是在功能上还是在效率上，相比 List，ndarray 都具有绝对的优势。Python 的列表（List）与 NumPy 的数组（ndarray）之间的比较如图 1-20 所示。

图 1-20　比较 Python 的列表与 NumPy 的数组

NumPy 的 ndarray 数组对象只能存储单一数据类型（同质），这使得其运算速度格外快，而且 ndarray 还提供了大量的对数组执行元素级计算以及直接对数组执行科学运算的函数，使得对多维数组的操作变得简单而轻松，因此 ndarray 的数据处理速度比 Python 自身的嵌套列表要快很多。

NumPy 中提供了很多函数来生成 ndarray 数组对象，如表 1-2 所示。

表 1-2　生成 ndarray 数组对象的函数

函数	含义
np.array(x,dtype)	将 x 转换为 ndarray 对象
np.ones(shape,dtype)	生成一个维度为 shape、值全为 1 的 ndarray 对象
np.zeros(shape,dtype)	生成一个维度为 shape、值全为 0 的 ndarray 对象
np.empty(shape,dtype)	生成一个维度为 shape、未初始化的 ndarray 对象
np.eye(N)	生成一个 $N \times N$ 的单位矩阵（对角线元素为 1，其余元素为 0）

1.4.4　去除冗余数据

数据集中的冗余数据主要指重复数据、无用的数据等，也就是所谓的"脏"数据。它们的存在，会对最终的分析和预测结果产生干扰，因此需要将它们"清洗"掉。而最简单直接的方式，就是将它们去除。

1. 去除无用的数据

本案例的目标是分析影响 AQI 的因素，很明显，字段 No 没有任何意义，它仅仅是一个编号，对 AQI 没有实际的指导作用。在机器学习中，这种无用的数据不仅会增加运算量，而且还会干扰预测的准确度，因此在数据预处理时需要将其去除。

NumPy 提供了 delete()函数来删除任意行或列的数据。

```
data = np.delete(data,0,axis=1)#删除第一列数据
```

如果要一次删除多列，比如删除前三列数据，可以使用下面的代码来实现。

```
data = np.delete(data,[0,1,2],axis=1)#删除前三列数据
```

如果要删除某些行的数据，通过设置参数 axis=0 即可。

1-5
去除冗余数据
和数据持久化

2. 去除重复数据

如表 1-3 所示，前两条数据是重复的，而 CO 和 CO-2 这两列的数据也是重复的，对于重复的数据，也需要将其删除。

表 1-3　具有重复数据的表格

No	PM2.5	PM10	SO2	NO2	CO	CO-2	O3	AQI
1	18	43	0.51	18	7	7	70	45
1	18	43	0.51	18	7	7	70	45
2	18	39	0.67	25	8	8	66	41

NumPy 提供了 unique()函数来删除重复的数据。

```
data = np.unique(data,axis=0)#按行删除重复的数据
data = np.unique(data,axis=1)#按列删除重复的数据
```

unique()函数中的参数 axis 用于确定删除的方向，axis=0 表示按行删除重复的数据，axis=1 表示按列删除重复的数据。通过上面的操作，得到了如表 1-4 所示的全新的 data 数据。

表 1-4　去除了重复数据的表格

No	PM2.5	PM10	SO2	NO2	CO	O3	AQI
1	18	43	0.51	18	7	70	45
2	18	39	0.67	25	8	66	41

1.4.5　数据持久化存储

清洗后的数据作为后续分析和计算的数据源，需要将其存储到本地，可以选择保存为文本（csv 或 txt）或者二进制格式的文件，也可以存储到数据库中。

1.　保存为文本文件

NumPy 的 loadtxt()函数用于读取文本文件的数据，savetxt()方法用于将数据保存为文本文件。

```
np.savetxt("aqi2.csv",data,fmt="%.2f",newline='\n')
```

2.　保存为二进制文件

NumPy 的 save()函数以二进制格式保存数据，load()方法从二进制文件中读取数据。

```
np.save("aqi",data)#保存数据
data = np.load("aqi.npy")#读取数据
```

任务 1.5　科学计算

1.5.1　获取任意范围的样本数据

有时为了对数据进行分析和计算，需要提取数据集中某个范围的数据，例如某月空气质量数据、2018 年全年空气质量数据等，这时 NumPy 简单、易用的特点就显现出来了。通过简单的"索引+切片"的形式，NumPy 可以截取任意范围的数据。

与 Python 的列表一样，NumPy 的 ndarry 也是通过**索引**来确定元素的位置的。

1.　索引的使用

- 使用索引可以定位到行或列。
- 索引的值可以从 0 开始，按照图 1-21 中的虚线箭头方向递增。
- 索引的值也可以从 –1 开始，按图 1-21 中的实线箭头方向递减。
- 使用逗号分隔行和列。

	[0]	[1]	[2]	[3]	[4]	[5]	[6]	[7]	[8]	[9]	
	YEAR	MONTH	DAY	PM2.5	PM10	SO2	NO2	CO	O3	AQI	
[0]	2017	1	1	365	430	501	8	131	6.43	454	[-8]
[1]	2017	1	2	296	161	246	12	92	3.14	220	[-7]
[2]	2017	1	3	354	290	380	17	137	5.61	338	[-6]
[3]	2017	1	4	360	344	452	18	145	7.28	393	[-5]
[4]	2017	1	5	345	224	275	15	109	5.55	276	[-4]
[5]	2017	1	6	350	194	190	23	104	4.28	245	[-3]
[6]	2017	1	7	327	165	128	17	80	3.22	211	[-2]
[7]	2017	1	8	104	36	22	9	33	0.97	54	[-1]
	[-10]	[-9]	[-8]	[-7]	[-6]	[-5]	[-4]	[-3]	[-2]	[-1]	

图 1-21　通过索引确定元素位置

以图 1-21 所示的数据为例,来看以下几个例子。

【例 1-1】　获取第 1 行数据。

```
data[0]#方式 1:使用索引,自上而下
data[-8]#方式 2:使用索引,自下而上
```

【例 1-2】　获取第 2~4 行的数据。

```
data[[1,2,3]]#将所有要获取的行索引存放到列表中
```

【例 1-3】　获取第 3 行第 4 列的数据。

```
data[2,3]#使用逗号分隔行和列,逗号左边表示行索引,逗号右边表示列索引
```

2. 切片的使用

- 使用切片抽取行或列中某个范围的数据。
- 切片的起止位置用冒号(:)分隔开。
- 将索引和切片结合起来使用,可以截取任意范围的数据。

【例 1-4】　获取前 3 行数据。

```
data[0:3,:]#方法 1
data[:3,:]#方法 2
data[:3,]#方法 3
```

在方法 1 中,逗号左边的"0:3"表示行的起止范围,即[起始索引:终止索引]。注意,起始索引是闭区间(包含起始位置 0),终止索引是开区间(不包含终止位置 3)。逗号右边的":"表示列的起止范围,即获取所有列。起始索引或终止索引如果省略不写,表示不设范围。如果列的起止范围不设限,冒号甚至可以省略。另外,使用方法 2 和方法 3 也能完成同样的功能。

【例 1-5】　获取第 2~4 行中第 3~5 列的数据。

```
data[1:4,2:5]#注意行和列的终止索引分别是 4 和 5
```

【例 1-6】　获取第 2~5 列的数据

```
data[:,1:5]#注意逗号左边的冒号不可省略
```

【例 1-7】　获取最后 3 列数据。

```
data[:,-3:]#注意 data[:,-3:-1]的写法是错误的
```

1.5.2　计算特征的最小值、最大值和平均值

在数据分析中,人们常常会统计一定时期内,某些特征的最大值、最小值和平均值等常见指标。对 NumPy 而言,一行代码就可以实现这些功能。表 1-5 展示了 ndarray 常用的计算函数。

表中,axis = 0 表示按列运算,axis = 1 表示按行运算,如果不设置 axis 参数的值,则默认求数据集中所有数的相关值。

【例 1-8】　计算数据集 data 中每列的平均值(数据集如图 1-21 所示,下同)。

```
data.mean(axis=0)
```

表 1-5　ndarray 常用计算函数

计算方法	说明
ndarray.mean(axis)	求平均值
ndarray.sum(axis)	求和
ndarray.cumsum(axis)	累加
ndarray.cumprod(axis)	累乘
ndarray.std(axis)	求标准差
ndarray.var(axis)	求方差
ndarray.max(axis)	求最大值
ndarray.min(axis)	求最小值

【例 1-9】　计算数据集 data 中 AQI 的平均值、最大值和最小值。

```
data[:,-1].mean(axis=0)#AQI 的平均值
data[:,-1].max(axis=0)# AQI 的最大值
data[:,-1].min(axis=0)# AQI 的最小值
```

【例 1-10】　分别计算 NO2、CO 和 O3 的最小值。

```
data[:,-4:-1].min(axis=0)
```

首先通过 data[:,-4:-1]获取 NO2、CO 和 O3 这 3 列数据，再使用 min(axis=0)计算出每一列的最小值，将结果分别保存到列表中。

计算得到的结果：

```
[12.     0.43  4.   ]
```

技能提升

ndarray 数组还可以与标量进行运算，这使得针对数组数据的统一化操作变得极为便捷，来看几个例子。

【例 1-11】　将数组中所有的数都变为原来的 2 倍再加 1。

```
data1 = [[1,2,3],
         [4,5,6]]
data2 = np.array(data1)
data2 = data2*2+1
print(data2)
```

【例 1-12】　将数组中所有的数都变为原来的一半。

```
data1 = [[1,2,3],
        [4,5,6]]
data2 = np.array(data1)
data2 = data2/2
print(data2)
```

1.5.3　统计不同空气质量等级的天数

如果将空气质量分为三个等级：优、良、差，现要统计数据集中每个等级的天数，该如何实现呢？表 1-6 为空气质量等级评判的标准。

1）首先统计空气质量等级为优的天数。

表 1-6　AQI 等级标准

AQI 的值	等级
0~35	优
35~75（含 35）	良
75 及以上	差

```
t=np.where(data[:,-1]<35)    #得到所有符合条件的
                             数据的索引
print(t)
style1=len(t[0])#得到索引的数量
```

使用 NumPy 的 where()函数，得到所有符合条件的数据的索引。得到的结果如下：

```
(array([8, 23, 39, 58, 59, 70, 79, 82, 296, 325, 326,...],dtype=int64),)
```

由结果可知，t 是一个元组，可以通过 t[0]获取想要的列表数据。最后通过 len()函数得到列表数中元素的数量，即空气质量为优的数量。

2）接着统计空气质量等级为良的天数。

```
t=np.where((data[:,-1]>=35) & (data[:,-1]<75))#使用&分隔多个筛选条件
style2=len(t[0])
```

3）最后统计空气质量等级为差的天数。

```
style3=len(np.where(data[:,-1]>=75)[0])#得到空气质量等级为差的天数
```

1.5.4 预测空气质量

通过对海量空气质量数据的分析和研究，找出规律，就可以实现空气质量 AQI 的预测（这就是机器学习的工作）。当然，具体的预测模型和算法不是本书研究的范畴。假设已经拿到了预测空气质量的模型（本质上就是一个公式）。其计算公式为：

$$AQI = 1.4x_1 + 0.2x_2 - 0.05x_3 - 0.01x_4 + 2.4x_5 + 0.1x_6$$

要预测出某天 AQI 的值，只需要提供当天检测到的 PM2.5、PM10、SO2 等数值，再代入到上面的计算公式中即可。这里的 $x_1, x_2, \cdots, x_6$ 对应的字段如表 1-7 所示。

表 1-7 变量与字段的关系表

x_1	x_2	x_3	x_4	x_5	x_6
PM2.5	PM10	SO2	NO2	CO	O3
18	43	7	18	0.51	70
18	39	8	25	0.67	66
28	53	8	25	0.67	89
33	56	7	27	0.82	101
41	66	9	38	1.11	112
56	80	10	29	1.27	141
48	74	10	22	1.09	131
18	34	9	38	0.89	60

以第一条数据为例，计算 AQI 的值：

$$AQI = 1.4\,x_1 + 0.2x_2 - 0.05x_3 - 0.01x_4 + 2.4x_5 + 0.1x_6$$
$$= 1.4*18 + 0.2*43 - 0.05*7 - 0.01*18 + 2.4*0.51 + 0.1*70$$
$$= 41.49$$

为了验证模型的准确性，需要将 data 数据集中所有的 AQI 的预测值都计算出来，以便和真实值作比较。

可以使用 Python 的 for 循环，遍历获取每一条数据的每一个字段，再代入到上面的 AQI 计算公式中，最后将计算的结果一一保存起来。但这种方法的实现较为复杂，效率也很低（多重循环）。

使用 NumPy 的矩阵乘法运算，只需一行代码，就可以将数据集中所有的 AQI 值都计算出来，而且运算效率比 Python 代码高很多。

下面先来了解一下什么是矩阵乘法。

1. 矩阵乘法法则

已知有矩阵 **A** 和矩阵 **B**，**AB** 表示两个矩阵相乘，计算方法是将矩阵 **A** 中的每一行分别与

矩阵 B 中每一列对应的元素相乘再相加。

$$A=\begin{bmatrix} 1 & 2 \\ 0 & 1 \end{bmatrix} \qquad B=\begin{bmatrix} 4 & -1 & 2 \\ 1 & 1 & 0 \end{bmatrix}$$

具体来看，矩阵 A 和矩阵 B 相乘的方法如图 1-22 所示。

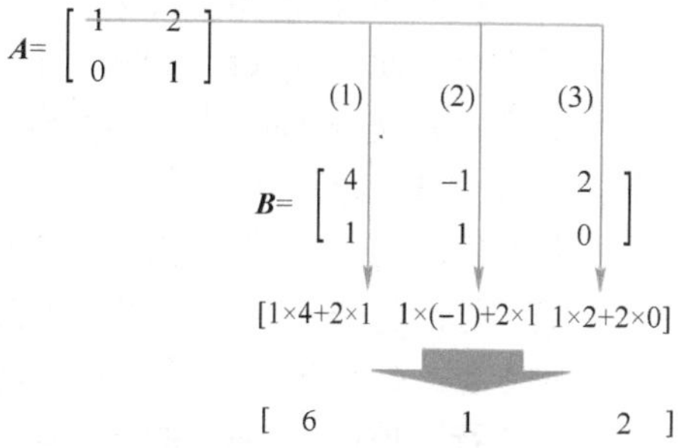

首先取得矩阵 A 的第一行数据，按照箭头方向 (1)、(2)、(3)，分别与矩阵 B 的每一列对应的元素相乘后再相加，得到第一行结果数据[6 1 2]；然后将矩阵 A 的每一行数据都按照上述方法得到 AB 的最终结果：

图 1-22 矩阵乘法示意图

$$AB=\begin{bmatrix} 6 & 1 & 2 \\ 1 & 1 & 0 \end{bmatrix}$$

不过，并非任意两个矩阵都可以进行矩阵乘法运算，矩阵 A 的列数必须等于矩阵 B 的行数。如果矩阵 A 为 $M×N$ 矩阵，矩阵 B 为 $N×Q$ 矩阵，则 AB 为 $M×Q$ 矩阵。

下面使用矩阵乘法来完成 AQI 预测。对于预测空气质量 AQI 的计算公式：

AQI $=1.4x_1+0.2x_2-0.05x_3-0.01x_4+2.4x_5+0.1x_6$，将预测空气质量的公式转换为矩阵乘法的形式。

A：数据集 data，即 $\begin{bmatrix} 18 & 43 & 7 & 18 & 0.51 & 70 \\ 18 & 39 & 8 & 25 & 0.67 & 66 \\ 28 & 53 & 8 & 25 & 0.67 & 89 \\ \vdots & \vdots & \vdots & \vdots & \vdots & \vdots \end{bmatrix}$。

B：$x_1\sim x_6$ 对应的参数，即 $\begin{bmatrix} 1.4 \\ 0.2 \\ -0.05 \\ -0.01 \\ 2.4 \\ 0.1 \end{bmatrix}$。

矩阵 A（即数据集 data）中的每一行与 B 相乘再相加，即可计算出 data 中所有数据的 AQI。而使用 NumPy 的 dot()函数，能简单且高效地完成矩阵乘法的功能。

2. NumPy 矩阵乘法

NumPy 提供了 dot（A，B）函数实现矩阵 A 和 B 的乘法运算，先阅读以下代码。

```
1  import numpy as np
2  data = np.loadtxt("../data/aqi_new.csv",delimiter=",",skiprows=1, dtype=np.float)
3  A = data[:,3:-1]#提取特征（不包含 YEAR,MONTH,DAY 和 AQI）
4  B = [1.4,0.2,-0.05,-0.01,2.4,0.1]#参数
5  B = np.array(B)#转换为 ndarray
6  B = B.reshape(6,1)#转换为 6 行 1 列
7  result = np.dot(A,B)#矩阵乘法
8  print(result)
```

第 1 行：加载 NumPy 模块。

第 2 行：读取 aqi.csv 文件，将数据加载到 data 中。

第 3 行：提取 data 中除年月日（第 1~3 列）和 AQI（最后 1 列）以外的其他字段，保存到矩阵 A（ndarray）中。

第 4 行：将 AQI 模型中的固定参数提取出来，保存到一维列表 B 中。

第 5 行：将 Python 的一维列表转换为 NumPy 的 ndarray 数组格式。

第 6 行：使用 NumPy 的 reshape() 函数，将一维数组 B 强制转换为 6 行 1 列的二维数组。

第 7 行：使用 NumPy 的 dot() 函数执行矩阵 A 和 B 的乘法运算，将结果保存到 result 中。

第 8 行：输出 result 中的结果值，如下所示。

```
[[ 41.494]
 [ 40.412]
 [ 59.658]
 [ 68.848]
 [ 83.634]
 [110.758]
 ......]
```

每一个数值表示预测的 AQI 值，如第一条数据，预测的值为 41.494。

小结

本章使用 NumPy 分析了某地空气质量指数（AQI）的状况，按照项目需求分析、环境搭建、数据获取、数据预处理以及科学计算与统计等步骤，让读者了解了数据分析的流程，掌握了使用 NumPy 快速、高效地实现数据分析的方法。具体数据分析流程和实现函数如表 1-8 所示。

表 1-8 数据分析流程和实现函数

流程	具体任务	实现函数
项目需求分析	项目介绍，项目流程和项目目标	-
环境搭建	Anaconda 和 PyCharm 的介绍和安装	-
数据获取	获取项目需要的数据集	方法 1：通过网络爬虫从网络中获取 方法 2：直接从提供数据的网站下载
数据预处理	读取数据	np.loadtxt()：读取文本文件 np.load()：读取二进制数据
	合并多个数据集	np.vstack()：按行合并 np.hstack()：按列合并
	去除冗余数据	np.delete()
	数据持久化存储	np.savetxt()：存储为文本形式 np.save()：存储为二进制形式
科学计算与统计	获取任意范围的样本数据	索引和切片
	计算特征的最小值、最大值和平均值	ndarray.min() ndarray.max() ndarray.mean()
	统计不同空气质量等级的数量	np.where()
	计算空气质量	np.dot()

课后习题

一、单选题

1. 下列不属于数组 ndarray 的属性的是（　　）。
   A. T　　　　　　B. shape　　　　　C. size　　　　　D. add

2. 在 NumPy 中创建元素值全为 1 的 ndarray 对象使用（　　）函数。
   A. zeros　　　　B. ones　　　　　C. empty　　　　D. arange

3. 要将两个数据集 a 和 b，按列（水平）进行合并，使用（　　）函数。
   A. hstack(a,b)　　B. hstack((a,b))　　C. vstack(a,b)　　D. vstack((a,b))

4. 有两个矩阵 M 和 N，执行 MN 运算会出错的是（　　）。

   A. $M=\begin{bmatrix}1&2\\3&4\\5&6\end{bmatrix}$, $N=\begin{bmatrix}1&2&3\\4&5&6\end{bmatrix}$　　　　B. $M=\begin{bmatrix}1&2\\3&4\\5&6\end{bmatrix}$, $N=\begin{bmatrix}1&2\\3&4\end{bmatrix}$

   C. $M=\begin{bmatrix}1&2\\3&4\\5&6\end{bmatrix}$, $N=\begin{bmatrix}1\\2\\3\end{bmatrix}$　　　　D. $M=\begin{bmatrix}1&2\\3&4\\5&6\end{bmatrix}$, $N=\begin{bmatrix}1\\2\end{bmatrix}$

5. 执行以下代码，输出的结果是（　　）。

```
import numpy as np
x = np.array([[1,2,3],[4,5,6]])
print(x.dtype)
```

   A. float32　　　B. float64　　　C. uint32　　　D. object

二、简答题

1. 已知矩阵 $M=\begin{bmatrix}1&2&3&4\\5&6&7&8\\9&10&11&12\\13&14&15&16\end{bmatrix}$，根据以下要求写出对应代码。

（1）获取前三行数据。
（2）获取最后两列数据。
（3）获取最后一列数据（两种方法）。
（4）获取第 2～3 行第 2～3 列的数据。
（5）求每一列的平均值、最大值和最小值。
（6）求每一行的平均值、最大值和最小值。
（7）将 M 中的每一个元素扩大为原来的两倍。

2. 已知有两个矩阵 M 和 N，求出 MN 的值。

$$M=\begin{bmatrix} 1 & 1 & 2 \\ 3 & 1 & 4 \\ 5 & 1 & 6 \end{bmatrix}, \quad N=\begin{bmatrix} 1 & 2 \\ 3 & 4 \\ 5 & 6 \end{bmatrix}$$

三、编程题

1．使用 NumPy 的 random 模块，生成一个符合标准正态分布的 100×5 的 ndarray 数组，计算每列的最大值、最小值和平均值，最后将该数组保存到 data.csv 文件中。

2．现有一个关于二手房的数据集 house.csv，部分数据如表 1-9 所示，请根据要求编写一个预测房价的程序。

表 1-9 二手房数据集

编号	x_1	x_2	x_3	x_4	x_5	房价
	总面积/m²	房间数	楼层	建造年数	绿化	
1	100	3	5	2	0.5	
2	90	2	2	10	0.8	

（1）去除"脏"数据，即删除"编号"列，删除重复行和重复列。

（2）统计数据集中总面积在 0～80m²、80～120m² 以及 120 m² 以上的数量分别是多少。

（3）房价的计算公式为：price=$1.8x_1+0.3x_2-0.4x_3-0.8x_4+2.5x_5+20x_6$。

（4）将结果持久化保存到 TXT 文件中。

使用 Matplotlib 实现空气质量数据可视化

要从一大堆看似杂乱无章的数据中分析出趋势和规律，这无疑是一件枯燥乏味又令人头疼的工作。如果将数据以图表的形式展示出来，数据会更形象、也更容易理解。

Matplotlib 是 Python 中应用较为广泛的绘图工具包之一，首次发布于 2007 年。它在函数设计上参考了 MATLAB，因此名字以"Mat"开头，中间的"plot"表示绘图功能，结尾的"lib"则表示它是一个集合。Matplotlib 支持众多图形的绘制，下面结合具体项目，完成以下几个使用较为广泛的图形绘制，并根据图形总结出数据的趋势和规律。

1）折线图：描绘特征间的趋势关系。
2）散点图：描绘特征间的相关关系。
3）条形图：描绘特征内部数据的数量状况。
4）饼图：描绘特征内部数据的占比情况。

Matplotlib 工具包在 Anaconda 安装程序中已经包含，无须再次安装即可使用。本项目使用的 Matplotlib 版本为 3.3.2。

任务 2.1　项目需求分析

【项目介绍】

上一章使用 NumPy 实现了对空气质量数据的预处理、统计和预测。本项目通过 Matplotlib 可视化工具，以图形的形式，洞察数据中蕴含的关系和规律，主要解答以下问题。

1）走势：1 月份 AQI 的走势情况是怎样的？
2）分布：全年 AQI 整体分布情况是怎样的？
3）关系：PM2.5 与 AQI 之间是否存在某种关系？
4）占比：全年中空气质量等级优、良、差的天数占比情况是怎样的？

【项目流程】

按照上面问题的先后顺序，制定了本项目实现流程和方法，如图 2-1 所示。

图 2-1　本项目实现流程和方法

- 折线图：按时间顺序绘制 AQI 走势的折线图。
- 条形图：按时间顺序绘制 AQI 整体分布情况的条形图。
- 散点图和子图：绘制各个特征与 AQI 之间相关性的散点图。
- 饼图：绘制不同空气质量等级的饼图。

 【项目目标】

与项目流程相对应，本项目的主要学习目标如下。

1）走势：能够使用 Matplotlib 生成折线图，要求能够明确展示 1 月份 AQI 的走势情况，指出 AQI 最高值和最低值的时间段，并说明可能的原因。

2）分布：能够使用 Matplotlib 生成条形图，要求能够清晰展示不同时间维度 AQI 整体分布情况，说明整体空气质量状况。

3）关系：能够使用 Matplotlib 生成散点图和子图，要求能够准确绘制 PM2.5 等特征的位置并分析出它们与 AQI 之间的关系。

4）占比：能够使用 Matplotlib 生成饼图，要求能够形象展示全年空气质量等级优、良、差的天数占比情况。

任务 2.2 折线图：展现 AQI 走势

2.2.1 实现 AQI 走势折线图

2-1
折线图

走势折线图能更好地分析和研究 AQI，图 2-2 展示了 2017 年 1 月份某地区的 AQI 走势折线图。

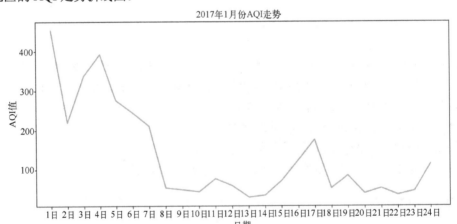

图 2-2　2017 年 1 月某地区 AQI 走势折线图

折线图是一种将数据点按照顺序连接起来的图形。折线图的主要功能是查看因变量 y 随着自变量 x 改变的趋势，最适合用于显示随时间而变化的连续数据。通过折线图还可以看出数值的差异、增长趋势的变化。

由图 2-2 可知，2017 年 1 月份空气质量整体由差转优，其中 1 日的 AQI 值最高，13 日的

AQI 值最低。那么，如何使用 Matplotlib 绘制 AQI 走势折线图呢？

一般情况下，使用 Matplotlib 绘制图形只需如图 2-3 所示的四步即可。

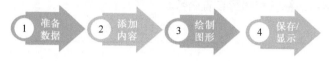

图 2-3　Matplotlib 绘图流程

先来看一下实现的代码。

```
import matplotlib.pyplot as plt
import numpy as np
#设置支持中文格式
plt.rcParams["font.sans-serif"] = ["SimHei"]#设置中文格式
plt.rcParams["axes.unicode_minus"] = False
#1.准备数据
data = np.loadtxt("../data/aqi_new.csv",delimiter=",",skiprows=1)
x = data[:31,2]#日期
y = data[:31,-1]#AQI
#2.添加内容
plt.title("2017 年 1 月份 AQI 走势")
plt.xlabel("日期")
plt.ylabel("AQI 值")
x_label = [str(int(i))+"日" for i in x]#设置 X 轴名称
plt.xticks(x,x_label)#设置 X 轴的刻度和对应的刻度标签
#3.绘制图形
plt.plot(x,y,c="red")
#4.显示图形
plt.show()
```

1）导入 matplotlib.pyplot 和 numpy 模块。

2）使用 NumPy 的 loadtxt()加载"aqi_new.csv"文件，再使用切片获取前 31 条数据（2017 年 1 月）中的 DAY 和 AQI 值，存储于 x 和 y 中，x 和 y 是图形坐标轴中 X 轴和 Y 轴上的数据。

3）添加图形中要显示的内容，使用 title()、xlabel()、ylabel()和 xticks()分别设置标题、X 轴名称、Y 轴名称以及 X 轴的刻度和刻度标签。

4）使用 plot()函数绘制折线图。

5）使用 show()函数显示图形。

注意事项

在使用 Matplotlib 工具绘制图形的四个步骤中，添加内容和绘制图形没有明确的先后顺序，先绘制图形再添加内容也是没有问题的，只是很多人习惯于先添加内容后绘制图形这种操作步骤。

由于 Matplotlib 工具包默认不支持中文字符的显示，因此需要通过设置 font.sans-serif 参数改变绘图时的字体，使得图形可以正常显示中文。同时，由于更改字体后会导致坐标轴中的部分字符无法显示，因此需要同时更改 axes.unicode_minus 参数。以下代码就是用于设置支持中文显示的。

```
#设置支持中文格式
```

```
plt.rcParams["font.sans-serif"] = ["SimHei"]#设置中文格式
plt.rcParams["axes.unicode_minus"] = False
```

表 2-1 展示了常用的标签和图形设置函数。

表 2-1　常用标签和图形设置函数

函数名	描述
plt.title("标题内容")	添加标题，可以指定标题名称、位置、颜色、字体大小等
plt.xlabel("名称")	添加 X 轴名称
plt.ylabel("名称")	添加 Y 轴名称
plt.xlim(left,right)	指定当前图形 X 轴的范围，即确定一个数值区间
plt.ylim(left,right)	指定当前图形 Y 轴的范围，即确定一个数值区间
plt.xticks(ticks,labels,rotation)	获取或设置 X 轴的当前刻度位置和标签。 ticks：刻度值，列表型。 labels：放置在给定刻度线位置的标签。 rotation：倾斜角度
plt.yticks(ticks,labels)	获取或设置 Y 轴的当前刻度位置和标签
plt.legend(title,loc)	显示图例。 title：图例添加标题，列表型。 loc：图例的位置，可设置为'best'、'upper right'、'upper left'、'lower left'、'lower right'、'right'、'center left'、'center right'、'lower center'、'upper center'、'center'
plt.grid()	显示网格线
plt.savefig()	保存为图片

2.2.2　图形的优化和美化

图 2-2 展示了一幅较为完整的折线图，但是还有优化和美化的空间，例如：

1）自定义线条颜色、线宽。

2）自定义线型（实线、虚线、点画线等）。

3）自定义数据标记点的格式。

以上这些功能只要简单设置图形绘制函数 plot()中对应的参数就能快速实现。先来详细了解一下 plot()函数，plot()函数的用法如下所示，常用参数如表 2-2 所示。

```
matplotlib.pyplot.plot(* args,scalex = True,scaley = True,data = None,**
kwargs)
```

表 2-2　plot()函数的常用参数

参数名称	描述
*args	一个可变长位置参数
**kwargs	一个可变长关键字参数。下面的 x、y、fmt、c/color 都属于可变长参数
x,y	X 轴和 Y 轴对应的数据。数组或列表
fmt	一种格式字符串，详细参考表 2-3、表 2-4 和表 2-5
c/color	设置颜色
w	设置线宽

fmt 是一种格式字符串，由颜色、标记和线型三部分组成，它们中的每一个都是可选的，形式如下。

```
fmt = '[color] [marker][line] '
```

通过简单的缩写字符，可以快速设置颜色、标记和线型，表 2-3 为常用的颜色符号，表 2-4 为常用的标记符号，表 2-5 为常用的线型符号。

表 2-3　常用的颜色符号

字符	描述	字符	描述	字符	描述	字符	描述
'b'	蓝色	'r'	红色	'm'	品红	'k'	黑色
'g'	绿色	'c'	青色	'y'	黄色	'w'	白色

表 2-4　常用的标记符号

字符	描述	字符	描述	字符	描述	字符	描述
'.'	●点	'4'	➤右箭头	'H'	⬡六边形 2	'_'	▬标记线
','	像素	's'	■正方形	'+'	➕加号	'v'	▼下三角
'o'	⬤圆圈	'p'	⬟五边形	'x'	✕X 号	'^'	▲上三角
'1'	⅄下箭头	'P'	➕加号	'D'	◆菱形	'<'	◀左三角
'2'	人上箭头	'*'	★星号	'd'	◆小菱形	'>'	▶右三角
'3'	⤙左箭头	'h'	⬣六边形 1	'|'	┃垂直线		

更多内容请查阅官方文档，网址为 https://matplotlib.org/3.3.1/api/markers_api.html#module-matplotlib.markers。

表 2-5　常用的线型符号

字符	描述	字符	描述
'-'	实线	'-.'	点画线
'--'	长虚线	':'	短虚线

这些字符组合而成的字符串，就是 fmt 字符串。来看几个例子。

【例 2-1】　红色长虚线，数据使用星号标记，如图 2-4 所示。

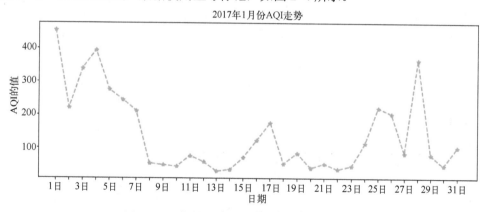

图 2-4　红色长虚线，数据使用星号标记的图形

实现代码如下所示。

```
plt.plot(x,y,"m--*")
```

【例2-2】 黑色点画线，数据使用五边形标记，如图 2-5 所示。

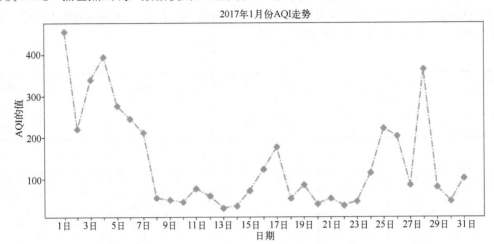

图 2-5 黑色点画线，数据使用五边形标记的图形

实现代码如下所示。

```
plt.plot(x,y,"k-.D")
```

【例2-3】 蓝色短虚线，无数据标记。

实现代码如下所示。

```
plt.plot(x,y,"b:")#颜色，线型和标记都是可选项
```

2.2.3 添加注释

为了能够在图表中展示更加丰富的信息，往往需要添加一些注释文字，例如使用箭头标注 AQI 的最大值和最小值所在的位置，如图 2-6 所示。

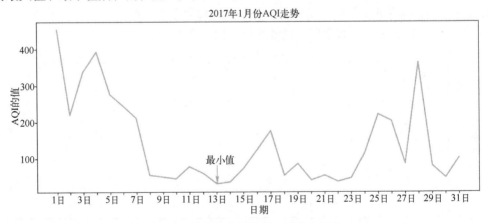

图 2-6 使用箭头标注最小值所在位置

使用 matplotlib.pyplot.annotate()函数就可以实现上述功能。先来了解一下 annotate()函数，annotate()函数的用法如下所示，常用参数如表 2-6 所示。

```
matplotlib.pyplot.annotate (text, xy, *args, **kwargs)
```

注：**kwargs 是一个不定长参数，实际可输入的参数如下所示。

表 2-6　annotate()函数的常用参数

参数	描述
text	注释的文本，字符串型
xy	要注释的点，元组型，（x 轴，y 轴）
xytext	注释文本所在的位置，元组型，（x 轴，y 轴）
arrowprops	设置在 xy 和 xytext 之间绘制箭头的样式，可选，字典型，可设置以下特征。 width：箭头宽度。 headwidth：箭头底部宽度。 headlength：箭头长度。 facecolor：填充颜色。 edgecolor：边框颜色。

实现代码如下所示。

```
import matplotlib.pyplot as plt
import numpy as np
#设置支持中文格式
plt.rcParams["font.sans-serif"] = ["SimHei"]#设置中文格式
plt.rcParams["axes.unicode_minus"] = False
#1.准备数据
data = np.loadtxt("../data/aqi_new.csv",delimiter=",",skiprows=1)
x = data[:31,2]#日期
y = data[:31,-1]#AQI
#2.添加内容
plt.title("2017 年 1 月份 AQI 走势")#设置标题
plt.xlabel("日期")#设置 X 轴名称
plt.ylabel("AQI 的值")#设置 Y 轴名称
x_label = [str(int(i))+"日" for i in x]#设置 X 轴刻度标签
plt.xticks(x,x_label)#设置 X 轴的位置和标签

index=np.argmin(y)#获取 y 中最小值所对应的索引
plt.annotate(s="最小值",#注释的文本
             xy=(x[index],y[index]),#要注释的点的位置
             xytext=(x[index],y[index]+50),#注释文本的位置
             color="red",#文字颜色
             arrowprops=dict(facecolor="g",#填充颜色
                             headlength=10,#箭头长度
                             headwidth=10,#箭头底部宽度
                             width=2,#箭头宽度
                             edgecolor='g'))#边框颜色
#3.绘制图形
plt.plot(x,y,c="red")
#4.显示图形
plt.show()
```

代码中加粗部分实现注释功能，首先使用 NumPy 的 argmin()方法获取 y 中最小值所对应的索引；然后调用 annotate()方法实现注释以及箭头的设置。其中参数 s 用于设置要显示的注释文本内容，xy 用于设置要注释的点的位置，即最小值的坐标(x[index],y[index])，xytext 用于设置注释文本所在的位置，这里设置的是注释点上方 50 像素的位置，color 用于设置注释文本的颜色，arrowprops 用于设置箭头样式。各种选项通过字典存储。

 技能提升

如果只是设置注释文本，可以使用 matplotlib.pyplot.text()函数实现。该函数可以设置文本的

更多属性，text()函数的用法如下所示，常用参数如表 2-7 所示。

```
matplotlib.pyplot.text(x,y,s,fontdict=None, **kwargs.)
```

表 2-7　text()函数的常用参数

参数	描述
x,y	放置文本的位置
s	文本内容
color	文本颜色
fontdict	设置文字属性，字典型。设置的属性主要有以下几种。 fontsize：文字大小。 fontstyle：文字样式，可设为'normal'、'italic'、'oblique'。 fontfamily：字体，可设为字体名称、'serif'、'sans-serif'、'cursive'、'fantasy'、'monospace'。 alpha：透明度，0～1 的小数。 rotation：文字的旋转角度，可设为数值、'vertical'、'horizontal'

使用 text()函数在图形中标注"这是通过 text 设置的文字"，效果如图 2-7 所示。

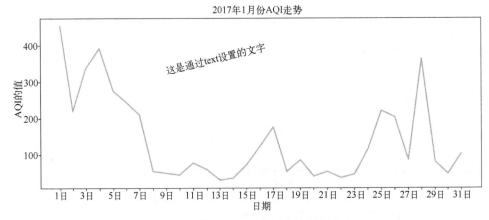

图 2-7　使用 text()函数添加注释文本

实现代码如下所示。

```
plt.text(12,350,"这是通过 text 设置的文字",
        color="red",
        fontdict={"fontsize":15,#文字大小
                "fontfamily":"sans-serif",#字体
                "alpha":0.5,#透明度
                "rotation":15})#倾斜 15 度
```

任务 2.3　条形图：展现 PM2.5 走势

2.3.1　条形图：某月 PM2.5 的走势情况

2-2
条形图

如果想查看 2017 年 1 月份（前 20 天）的 PM2.5 走势，除了使

用折线图，也可以使用条形图展示，如图 2-8 所示。

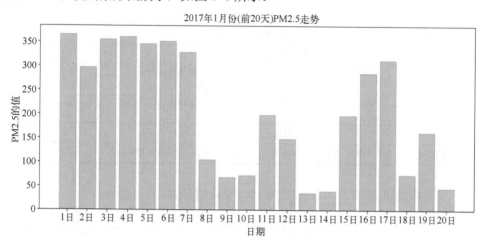

图 2-8　2017 年 1 月份（前 20 天）PM2.5 走势条形图

条形图的实现代码如下所示。

```
import matplotlib.pyplot as plt
import numpy as np
#设置支持中文格式
plt.rcParams["font.sans-serif"] = ["SimHei"]#设置中文格式
plt.rcParams["axes.unicode_minus"] = False
#1.准备数据
data = np.loadtxt("../data/aqi_new.csv",delimiter=",",skiprows=1)
x=np.arange(1,21)#日期1-20
y = data[:20,3]#PM2.5
#2.添加内容
plt.title("2017 年 1 月份(前 20 天)PM2.5 走势")#设置标题
plt.xlabel("日期")#设置 X 轴名称
plt.ylabel("PM2.5 的值")#设置 Y 轴名称
x_label = [str(int(i))+"日" for i in x]#设置 X 轴刻度标签
#3.绘制图形
plt.bar(x,y,#X,Y 轴坐标值
        facecolor="g",#条形框的填充色
        edgecolor="b",#条形框的边框色
        align="center",#条形框与 X 轴刻度的对齐方式
        tick_label=x_label,#显示在 X 轴刻度上的文字
        alpha=0.6)#透明度
#4.显示图形
plt.show()
```

由代码可知，在数据准备阶段，使用切片获取了数据集中前 20 条的 PM2.5 的值，分别赋给变量 x 和 y；在绘制图形阶段，使用 plt.bar()函数实现条形图的绘制。bar()函数的用法如下所示，常用参数如表 2-8 所示。

```
matplotlib.pyplot.bar(x, height, width=0.8, bottom=None, *, align='center',
data=None, **kwargs)
```

注：**kwargs 是一个不定长参数，实际可输入的参数如表 2-8 所示。

表 2-8　bar()函数的常用参数

参数	描述
x,height	X 轴和 Y 轴对应的数据
width	条形框的宽度，默认值为 0.8
align	设置条形框与刻度线的对齐方式，默认为'center'。 'center'：条形图中央与刻度线对齐。 'edge'：条形图左边缘与刻度线对齐
facecolor	填充颜色，可选
edgecolor	边框颜色，可选
tick_label	设置与 X 轴刻度对应的文字，可选，默认使用数字标签

2.3.2　堆叠条形图：相邻月份 PM2.5 值的比较

如果要比较 2017 年 1 月份和 2 月份每天的 PM2.5 值，使用条形图更能形象地展现出对比情况，如图 2-9 所示。

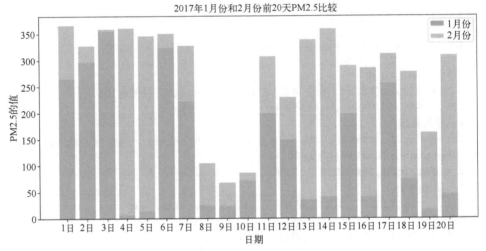

图 2-9　堆叠条形图

图 2-8 分别展示了 2017 年 1 月份和 2 月份前 20 天的 PM2.5 值的条形图，只不过它们是堆叠在一起的，这就是堆叠条形图。堆叠条形图能够很直观地展示两个数值的大小关系。堆叠条形图的实现代码如下所示。

```
import matplotlib.pyplot as plt
import numpy as np
#设置支持中文格式
plt.rcParams["font.sans-serif"] = ["SimHei"]#设置中文格式
plt.rcParams["axes.unicode_minus"] = False
#1.准备数据
data = np.loadtxt("../data/aqi_new.csv",delimiter=",",skiprows=1)
x=np.arange(1,21)#日期1-20
pm25_1 = data[:20,3]#1 月份 PM2.5
pm25_2 = data[32:52,3]#2 月份 PM2.5
#2.添加内容
plt.title("2017 年 1 月份和 2 月份前 20 天 PM2.5 比较")#设置标题
plt.xlabel("日期")#设置 X 轴名称
```

```
plt.ylabel("PM2.5 的值")#设置 Y 轴名称
x_label = [str(int(i))+"日" for i in x]#设置 X 轴刻度标签
plt.xticks(x,x_label,rotation=45)#设置 X 轴的位置、刻度标签和倾斜度
#3.绘制图形
plt.bar(x,pm25_1,color="r",alpha=0.6)
plt.bar(x,pm25_2,color="g",alpha=0.6)
plt.legend(["1 月份","2 月份"])
#4.显示图形
plt.show()
```

由代码可知，在数据准备阶段，使用切片获取了数据集中 2017 年 1 月份和 2 月份前 20 天的 PM2.5 值，分别存储于变量 pm25_1 和 pm25_2 中。在绘制图形阶段，调用了两次 plt.bar()方法分别绘制 1 月份和 2 月份的条形图。特别注意的是，这里需要设置参数 alpha，使得条形框具有一定的透明度，这样堆叠起来后条形框的轮廓都能够展示出来。使用 plt.legend()方法设置显示的图例，参数是一个列表，文字顺序跟绘制图形的顺序一一对应。**需要注意的是，plt.legend()一定要在绘制图形代码的后面，否则图例无法显示。**

2.3.3　并排条形图：PM2.5 和 PM10 的比较

下面再比较一下每天的 PM2.5 值和 PM10 值的大小关系。除了使用堆叠条形图，也可以使用并排条形图来展示，如图 2-10 所示。

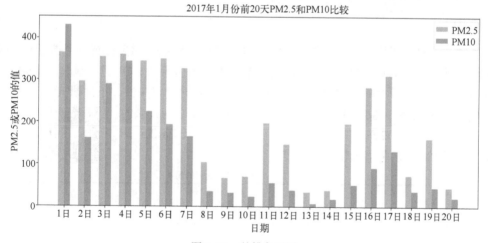

图 2-10　并排条形图

与堆叠条形图不同，并排条形图中的各条形框是并排排列的，左边的条形框表示 PM2.5 值，右边的条形框表示 PM10 值，X 轴的刻度和日期标于并排的条形框中间。并排条形图的实现代码如下所示。

```
import matplotlib.pyplot as plt
import numpy as np
#设置支持中文格式
plt.rcParams["font.sans-serif"] = ["SimHei"]#设置中文格式
plt.rcParams["axes.unicode_minus"] = False
#1.准备数据
data = np.loadtxt("../data/aqi_new.csv",delimiter=",",skiprows=1)
bw=0.3#设置条形框的宽度
x=np.arange(1,21)#日期 1-20
```

```
x2=x+bw#设置 PM10 的条形图的位置
pm25 = data[:20,3]#1 月份 PM2.5
pm10 = data[:20,4]#1 月份 PM10
#2.添加内容
plt.title("2017 年 1 月份前 20 天 PM2.5 和 PM10 比较")#设置标题
plt.xlabel("日期")#设置 X 轴名称
plt.ylabel("PM2.5 或 PM10 的值")#设置 Y 轴名称
x_label = [str(int(i))+"日" for i in x]#设置 X 轴刻度标签
plt.xticks(x+bw/2,x_label,rotation=45)#设置 X 轴刻度和刻度标签
#3.绘制图形
plt.bar(x,pm25,color="r",width=bw)
plt.bar(x2,pm10,color="g",width=bw)
plt.legend(["PM2.5","PM10"])
#4.显示图形
plt.show()
```

由代码可知，在数据准备阶段，首先确定了所有条形框的宽度 bw=0.3，变量 x 的值实际上确定了左边条形框（即 PM2.5 值的条形框）的位置，变量 x2 确定右边条形框（即 PM10 值的条形框）的位置，计算方法是 x+bw。在添加内容阶段，将 X 轴刻度的位置移到两个条形框之间，即 x+bw/2。在绘制图形阶段，plt.bar()方法中的参数 width 用于设置条形框的宽度。

任务 2.4　散点图：展现内在相关性

为了进一步研究哪些指标会显著影响空气质量指数（AQI），需要分析各个指标与 AQI 之间的关系，如果它们呈现明显的正向或反向的关系，说明该指标对 AQI 具有显著的影响，这为改善空气质量提供了科学依据。散点图可用于分析数据之间的相关性，下面研究 PM2.5、PM10与 AQI 之间的相关性。图 2-11 是 PM2.5、PM10 与 AQI 之间关系的散点图，X 轴表示 PM2.5 和 PM10 的值，其中圆点表示 PM2.5 的值，叉号表示 PM10 的值，Y 轴表示对应的 AQI 的值。

2-3
散点图

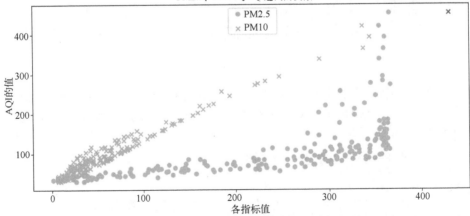

图 2-11　PM2.5、PM10 与 AQI 之间关系的散点图

散点图又称为散点分布图，是以一个特征为横坐标，另一个特征为纵坐标，利用坐标点（散点）的分布形态反映特征间的统计关系的一种图形。

散点图可提供两类关键信息。

1）特征之间是否存在数值或者数量的关联趋势，关联趋势是线性的还是非线性的。

2）如果某一个点或者某几个点偏离大多数点，则这些点就是异常值，通过散点图观察可以对异常值一目了然，从而可以进一步分析这些异常值在建模分析中是否会对结果产生很大的影响。

散点图的实现代码如下所示。

```
import matplotlib.pyplot as plt
import numpy as np
#设置支持中文格式
plt.rcParams["font.sans-serif"] = ["SimHei"]#设置中文格式
plt.rcParams["axes.unicode_minus"] = False
#1.准备数据
data = np.loadtxt("../data/aqi_new.csv",delimiter=",",skiprows=1)
pm25 = data[:200,3]#PM2.5
pm10 = data[:200,4]#PM10
aqi = data[:200,-1]#AQI
#2.添加内容
plt.title("PM2.5、PM10 与 AQI 之间的关系")#设置标题
plt.xlabel("各指标值")#设置 X 轴名称
plt.ylabel("AQI 的值")#设置 Y 轴名称
#3.绘制图形
plt.scatter(pm25,aqi,c="r",marker="o")
plt.scatter(pm10,aqi,c="g",marker="x")
plt.legend(["PM2.5","PM10"],loc="upper center")
#4.显示图形
plt.show()
```

由代码可知，在数据准备阶段，使用切片获取数据集中 PM2.5、PM10 和 AQI 的值（前 200 条）。在绘制图形阶段，使用 scatter()函数实现了散点图的绘制，其中参数 c 表示颜色，"o"表示圆点，marker 表示绘制点的形状，"x"表示叉号。scatter()函数的用法如下所示，常用参数如表 2-9 所示。

表 2-9　scatter()函数的常用参数

参数	描述
x,y	X 轴和 Y 轴对应的数据
s	指定点的大小
c	设置颜色
marker	绘制的点的形状，详细见表 2-4
alpha	点的透明度，取值为 0~1 的小数

```
matplotlib.pyplot.scatter(x, y, s=None, c=None, marker=None, cmap=None,
norm=None, vmin=None, vmax=None, alpha=None, linewidths=None, verts=<deprecated
parameter>, edgecolors=None, *, plotnonfinite=False, data=None, **kwargs)
```

任务 2.5　子图：展现图表的多样性

图 2-11 展示了 PM2.5、PM10 与 AQI 之间关系的散点图。使用同样的方法，就可以展现 SO$_2$，NO$_2$，CO，O$_3$ 与 AQI 之间的关系，可以在同一个图形中使用不同的标记点展现所有特征与 AQI 之间的关系。但是这样的图形就会显得杂乱、拥挤不堪。可以考虑将画布切割为多个子图，如图 2-12 所示。

2-4
子图

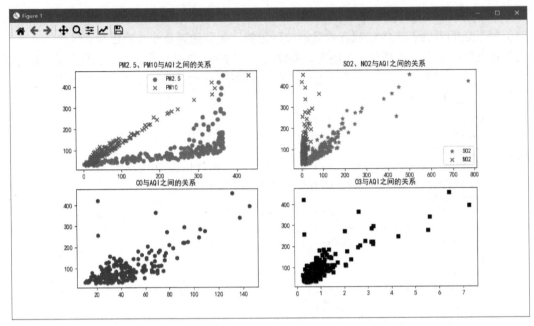

图 2-12　各个特征与 AQI 之间关系的子图

　　子图是将画布切割为多个网格区域，每个区域独立展示图形的形式。子图可以同时展示多个图形，并能清晰、直观地比较图形之间的差异。子图的实现代码如下所示。

```
import matplotlib.pyplot as plt
import numpy as np
#设置支持中文格式
plt.rcParams["font.sans-serif"] = ["SimHei"]#设置中文格式
plt.rcParams["axes.unicode_minus"] = False
#1.准备数据
data = np.loadtxt("../data/aqi_new.csv",delimiter=",",skiprows=1)
pm25 = data[:200,3]#PM2.5
pm10 = data[:200,4]#PM10
so2 = data[:200,5]#SO2
no2 = data[:200,6]#NO2
co = data[:200,7]#CO
o3 = data[:200,8]#O3
aqi = data[:200,-1]#AQI
#2.绘制子图(包含添加内容)
p=plt.figure(figsize=(12,8))#创建图形,figsize用于设置图形宽和高,单位为英寸
#子图1
plt.subplot(2,2,1)#在当前图形中添加一个子图,位于2*2网格中的第1格
plt.title("PM2.5、PM10与AQI之间的关系")#设置标题
plt.scatter(pm25,aqi,c="r",marker="o")
plt.scatter(pm10,aqi,c="g",marker="x")
plt.legend(["PM2.5","PM10"],loc="upper center")
#子图2
plt.subplot(2,2,2)#在当前图形中添加一个子图,位于2*2网格中的第2格
plt.title("SO2、NO2与AQI之间的关系")#设置标题
plt.scatter(so2,aqi,c="r",marker="*")
plt.scatter(no2,aqi,c="g",marker="x")
plt.legend(["SO2","NO2"],loc="lower right")
```

```
#子图 3
plt.subplot(2,2,3)#在当前图形中添加一个子图，位于 2*2 网格中的第 3 格
plt.title("CO 与 AQI 之间的关系")#设置标题
plt.scatter(co,aqi,c="b",marker="h")
#子图 4
plt.subplot(2,2,4)#在当前图形中添加一个子图，位于 2*2 网格中的第 4 格
plt.title("O3 与 AQI 之间的关系")#设置标题
plt.scatter(o3,aqi,c="k",marker="s")
#3.显示图形
plt.show()
```

重点解析一下绘制子图阶段，首先通过 plt.figure(figsize=(12,8))手动创建一个空白画布，参数 figsize 可以设置画布的宽和高，单位为英寸（in）⊖，这里设置的图形大小为 12in×8in；然后使用 plt.subplot(nrow,ncols,index)在当前图形中创建第 1 个子图，参数 nrow、ncols 和 index 表示在具有 nrows 行 ncols 列的网格图形上的第 index 网格中创建子图，例如(2,2,1)表示将图形划分为 2×2 的网格，在第 1 个网格中创建子图。另外，还可以将这三个参数合并成一个位数为三的整型参数，如 plt.subplot(221)，其效果跟 plt.subplot(2,2,1)是一样的。

技能提升

大家可能注意到在之前的绘图代码中，并没有创建画布（使用 plt.figure()）这个步骤。事实上，如果不手动建立，matplotlib 会自动创建一个默认大小（6.4in×4.8in）的画布。

另外，子图的建立除了使用 subplot()函数外，还可以使用 add_subplot()函数或 subplots()函数实现。

方法 1：add_subplot()函数。add_subplot()是画布对象 p 的函数，该函数与 subplot()函数的功能一样。实现代码如下所示。

```
p = plt.figure(figsize=(12,8))#设置画布，figsize 设置画布宽和高，单位为英寸
#新建子图
p.add_subplot(2,2,1)
plt.title("PM2.5、PM10 与 AQI 之间的关系")#设置标题
plt.scatter(pm25,aqi,c="r",marker="o")
plt.scatter(pm10,aqi,c="g",marker="x")
plt.legend(["PM2.5","PM10"],loc="upper center")
……
```

方法 2：subplots()函数。实现代码如下所示。

```
figure,axs=plt.subplots(2,2)#figure 表示画布，axs 表示一组子图对象
#子图 1
axs[0][0].set_title("PM2.5、PM10 与 AQI 之间的关系")#设置标题
axs[0][0].set_xlabel("PM2.5")
axs[0][0].set_ylabel("AQI")
axs[0][0].scatter(pm25,aqi,c="r",marker="o")
axs[0][0].scatter(pm10,aqi,c="g",marker="x")
axs[0][0].legend(["PM2.5","PM10"],loc="upper center")
#子图 2
axs[0][1].set_title("SO2、NO2 与 AQI 之间的关系")#设置标题
axs[0][1].set_xlabel("PM2.5")
```

⊖ 1 英寸=2.54cm。

```
axs[0][1].set_ylabel("AQI")
axs[0][1].scatter(so2,aqi,c="r",marker="*")
axs[0][1].scatter(no2,aqi,c="g",marker="x")
axs[0][1].legend(["SO2","NO2"],loc="lower right")
```

首先，通过 subplots(2,2)函数创建一个画布对象 figure 和一组子图（2×2）对象 ax。ax 是一个存放有 4 个子图的 Axes 对象的列表，通过 axs[0][0]、axs[0][1]、axs[1][0]、axs[1][1]可以访问这 4 个子图的 Axes 对象。再使用 Axes 自带的方法设置各自子图的内容，如标题、X 轴名称、Y 轴名称、绘制图形等。更多关于 Axes 对象的教程，请参考 Matplotlib 官方网站 https://matplotlib.org/3.3.2/api/axes_api.html# matplotlib.axes.Axes。

任务 2.6　饼图：展现部分和整体的关系

当需要了解一年中各空气质量级别的占比情况时，可以使用饼图来展现，如图 2-13 所示。

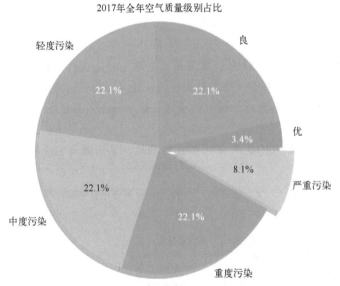

图 2-13　2017 年全年中各空气质量级别的占比饼图

饼图是将各项的大小与各项综合的比例显示在一张"饼"中，以"饼"的大小来确定每一项的占比。饼图可以比较清楚地反映出部分与部分、部分与整体之间的比例关系，易于显示每组数据相对于总数的大小，而且显示方式直观。实现饼图的代码如下所示。

```
import matplotlib.pyplot as plt
import numpy as np
#设置支持中文格式
plt.rcParams["font.sans-serif"] = ["SimHei"]#设置中文格式
plt.rcParams["axes.unicode_minus"] = False
#1.准备数据
data = np.loadtxt("../data/aqi_new.csv",delimiter=",",skiprows=1)
aqi_2017 = data[:366,3]#2017 年 AQI
#统计不同级别的天数
#优:0~50,良:51~100,轻度污染:101~150,
#中度污染:151~200,重度污染:201~300,严重污染:>300
```

```
L1 = len(aqi_2017[aqi_2017<=50])#优的天数
L2 = len(np.logical_and(aqi_2017<=100,aqi_2017>=51))#良的天数
L3 = len(np.logical_and(aqi_2017<=150,aqi_2017>=101))#轻度污染的天数
L4 = len(np.logical_and(aqi_2017<=200,aqi_2017>=151))#中度污染的天数
L5 = len(np.logical_and(aqi_2017<=300,aqi_2017>=201))#重度污染的天数
L6 = len(aqi_2017[aqi_2017>300])#严重污染的天数
#2.添加内容
plt.title("2017年全年空气质量级别占比")
#3.绘制图形
plt.pie([L1,L2,L3,L4,L5,L6],#数据列表
    labels=["优","良","轻度污染","中度污染","重度污染","严重污染"],
    autopct="%1.1f%%",#百分比格式
    colors=["b","g","r","c","m","y"],#颜色
    explode=[0,0,0,0,0,0.1],#突出显示（脱离）
    shadow=True)#阴影
#4.显示图形
plt.show()
```

由代码可知，在数据准备阶段，首先使用切片获取 2017 年全年的数据；然后根据表 2-10 所示的空气质量级别和 AQI 划分标准，使用变量 L1～L6 统计 2017 年全年不同级别空气质量的天数，其中 np.logical_and() 函数表示逻辑表达式"与"，功能与 Python 的"and"一致。

表 2-10　空气质量级别和 AQI 指数

级别	AQI 指数	备注
优	0～50	
良	51～100	
轻度污染	101～150	根据《环境空气质量指数（AQI）技术规定（试行）》（HJ 633—2012）规定，将空气污染指数划分为六档，对应于空气质量的六个级别，指数越大，级别越高，说明污染越严重，对人体健康的影响也越明显
中度污染	151～200	
重度污染	201～300	
严重污染	>300	

在绘制图形阶段，使用 plt.pie() 函数实现了饼图的绘制，该函数的用法如下所示，常用参数如表 2-11 所示。

```
matplotlib.pyplot.pie(x, explode=None, labels=None, colors=None, autopct=
None, pctdistance=0.6, shadow=False, labeldistance=1.1, startangle=0, radius=1,
counterclock=True, wedgeprops=None, textprops=None, center=0,0, frame=False, rot
atelabels=False, *, normalize=None, data=None)
```

表 2-11　pie() 函数的常用参数

参数	描述
x	绘制"饼"的数据，array 型
explode	脱离圆心的幅度，取值范围为 0～1，1 表示完全脱离
labels	指定每一项的名称，array 型
colors	指定每一项的颜色，string 型或 array 型，默认为 None
autopct	数值的显示方式，string 型，默认为 None
shadow	是否显示阴影效果，默认为 False
startangle	逆时针的旋转角度，float 型，默认值为 0
radius	指定饼图的半径，float 型，默认值为 1

小结

本章使用 Matplotlib 可视化工具对空气质量数据做了可视化处理。使用折线图展示 AQI 的走势；使用条形图比较相邻月份的 PM2.5 值的大小；使用散点图和子图展示不同空气指标跟 AQI 之间的关系；使用饼图展现一年中各空气质量等级的占比。由此可见，使用数据可视化技术能够形象地揭示数据内部存在的趋势和规律，为人们的决策提供科学依据。

课后习题

一、单选题

1．使用 annotate()函数可以添加带有箭头的注释，下面参数中用于设置注释文本所在位置的是（   ）。

    A．text   B．xy   C．xytext   D．arrowprops

2．要表示数据之间的相关关系，使用下面图形中的（   ）。

    A．散点图   B．折线图   C．条形图   D．饼图

3．Matplotlib 默认不支持中文显示，可以设置下面（   ）参数让其支持中文。

    A．text   B．font

    C．axes.unicode_minus   D．font.sans-serif

4．在使用 pie()函数绘制饼图时，下面（   ）参数用于设置脱离圆心的幅度。

    A．autopct   B．shadow   C．explode   D．startangle

5．以下关于绘图标准流程的说法错误的是（   ）。

    A．如果不手动绘制画布，系统会自动生成一个默认大小的画布

    B．图例的添加必须在绘制图形之后

    C．使用 subplot()、subplots()、add_subplot()函数都可以绘制子图

    D．添加标题、X 轴名称、Y 轴名称必须在绘制图形之前完成

6．使用蓝色点画线线条和六边形数据标记来绘制折线图，设置的样式字符串为（   ）。

    A．b-.h   B．b—D   C．g-.h   D．b-.*

二、编程题

1．读取葡萄牙某公园火灾的数据集，数据集下载网址：https://archive.ics.uci.edu/ml/datasets/Forest+Fires。要求完成以下图形的绘制。

（1）绘制温度、湿度、风速和下雨量这四个特征与烧毁面积之间关系的散点图。

（2）统计每个月的平均烧毁面积，并绘制出对应的饼图。

2．读取皮马印第安人糖尿病数据集，要求完成以下图形的绘制。

（1）绘制 BMI 与 age 的散点图，使用红色圆点表示患有糖尿病，绿色圆点表示没有糖尿病。

（2）统计数据集中含有糖尿病和未患糖尿病的人数，并绘制出对应的饼图。

使用 Pandas 分析股票交易数据

NumPy 是一个强大的科学计算库，能够实现高效、灵活的数值计算。但是对于多类型数据的统计分析，它又显得有些力不从心。例如 NumPy 无法读取 SQL 或 Excel 格式的数据，这类数据属于表格型数据，数据类型多样，而 NumPy 的 ndarray 数组要求数据类型必须统一。另外，NumPy 对时间序列、数据分组等功能也缺乏支持。因此，一种基于 NumPy 的、强大灵活的数据统计分析工具便应运而生了，这就是 Pandas。

Pandas 适用于处理以下类型的数据。

1）与 SQL 或 Excel 表类似的，含异构列的表格数据。

2）有序或无序的时间序列数据。

3）带行列标签的矩阵数据，包括同构型和异构型数据。

4）任意其他形式的观测、统计数据集。将数据转入 Pandas 数据结构时不必事先标记。

Pandas 功能强大，主要有以下几点优势。

1）提供多种方法处理数据集中的缺失值。

2）强大、灵活的分组功能，可以拆分、应用、组合数据集，聚合、转换数据。

3）直观地合并、连接数据集。

4）灵活地重塑、透视数据集。

5）能够读取文本文件、Excel 文件、数据库等来源的数据，利用快捷的 HDF5 格式保存/加载数据。

6）支持日期范围生成、频率转换、移动窗口统计、移动窗口线性回归、日期位移等时间序列功能。

数据处理一般分为数据整理与清洗、数据分析与建模、数据可视化与制表这三个阶段，Pandas 是数据处理的理想工具。

任务 3.1 项目需求分析

【项目介绍】

为了实现资产的增值保值，越来越多的人开始关注理财。除了传统的银行储蓄，还有基金、股票、黄金等风险相对较高的投资产品，人们不仅要深入了解相关产品的运营模式，还要能够读懂财务数据，并通过数据的统计分析找出规律和趋势，为投资决策提供理论依据，降低投资风险。

本项目以格力电器股票交易数据为例，首先通过 Python 财经数据接口包获取格力电器股票交易数据，再通过 Pandas 实现数据的清洗和分析，并试图解答以下一系列问题。

1）年平均收盘价、平均日成交额是多少？

2）一年中收盘价的最大值、最小值各是多少？

3）各个季度的平均收盘价是多少？

【项目流程】

本项目实现流程如图 3-1 所示。

图 3-1　本项目实现流程

数据获取与存储：下载股票交易数据并将数据保存为 CSV 文件。

数据处理：使用 Pandas 完成数据的加载、组装、去重、转换等处理工作。

数据统计分析：使用 Pandas 完成数据的分组统计和分析工作。

【项目目标】

与项目流程相对应，本项目的学习目标如下。

数据获取与存储：能够使用 Python 财经数据接口包 tushare 下载股票交易数据，并将数据保存到 CSV 文件或者 MySQL 数据库中。

数据处理：能够使用 Pandas 从 CSV 文件、Excel 文件以及 MySQL 数据库中读取数据。能够使用 Pandas 对数据进行简单处理和深度处理，如数据的增删改查、数据去重、缺失值处理、数据转换以及数据标准化等。

数据统计分析：能够通过 Pandas 的 groupBy、agg 和 transform 方法实现数据的聚合，并完成数据的统计分析工作。

任务 3.2　数据获取和存储

获取股票交易数据的途径有多种，比如可以从各种财经网站上获取，可以使用第三方工具包获取等。图 3-2 为东方财富网显示的格力电器股票交易情况，网址为 http://quote.eastmoney.com/sz000651. html，使用网络爬虫技术就可以获取相关交易数据。

3-1
数据获取和存储

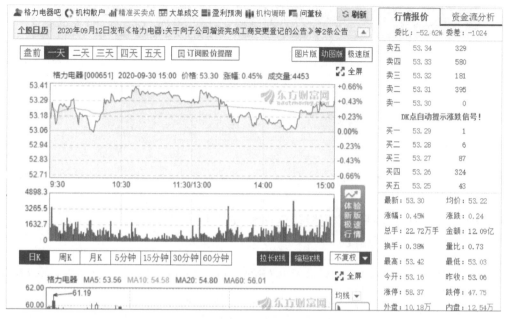

图 3-2 东方财富网显示的格力电器股票交易数据

3.2.1 数据获取

tushare 是一个免费、易用的 Python 财经数据接口包，使用它能够快速、便捷地获取股票、基金、黄金等金融数据，具体步骤如下。

1）通过以下命令下载并安装 tushare。

```
>pip install tushare
```

2）访问 tushare 官方网站 https://tushare.pro/，如图 3-3 所示。

图 3-3 tushare 官方网站

3）注册一个新用户。单击"注册社区用户"按钮，进入个人主页页面，在"接口 TOKEN"选项卡中，将框线内的 token 值复制下来备用，如图 3-4 所示。

图 3-4 个人主页中的"接口 TOKEN"选项卡

4）新建一个 Python 项目，获取股票交易数据的代码如下。

```
import tushare as ts
#设置 token 值
ts.set_token("6bdebce41eae80b79bc676cb611910eb18ea12c916d17e0dc3772f01")
#获取格力电器股票交易数据
df = ts.pro_bar(ts_code='000651.SZ',#股票代码
                start_date='20180101', #起始时间
                end_date='20200930')#结束时间
#保存为 Excel 文件
df.to_excel("格力电器.xlsx")
```

由代码可知，首先导入 tushare 包，然后使用 set_token()函数设置 token 值（图 3-4 中的值），再使用 pro_bar()函数获取从 2018 年 1 月 1 日到 2020 年 9 月 30 日时间范围内的格力电器所有的交易数据，保存到变量 df 中。变量 df 是 Pandas 定义的一个二维数组（**DataFrame**）对象，使用该对象的 to_excel()函数，可以将数据存储到 Excel 文件"格力电器.xlsx"中。

5）运行程序。程序执行成功后，打开文件"格力电器.xlsx"，展示的内容如图 3-5 所示。

	A	B	C	D	E	F	G	H	I	J	K	L
1		ts_code	trade_dat	open	high	low	close	pre_close	change	pct_chg	vol	amount
2	0	000651.SZ	20200930	53.16	53.42	53.03	53.3	53.06	0.24	0.4523	227172.1	1209073
3	1	000651.SZ	20200929	53.4	53.61	53.06	53.06	53.02	0.04	0.0754	293494.7	1564171
4	2	000651.SZ	20200928	54.12	54.45	53	53.02	54.11	-1.09	-2.0144	463813.5	2470967
5	3	000651.SZ	20200925	54.35	54.56	53.99	54.11	54.33	-0.22	-0.4049	248544.9	1345016
6	4	000651.SZ	20200924	55.12	55.26	54.12	54.33	55.51	-1.18	-2.1257	314258.9	1715411
7	5	000651.SZ	20200923	55.5	55.69	55.05	55.51	55.5	0.01	0.018	243258.6	1345627
8	6	000651.SZ	20200922	56.15	56.46	55.28	55.5	56.55	-1.05	-1.8568	336980.5	1882712
9	7	000651.SZ	20200921	55.75	56.95	55.69	56.55	55.65	0.9	1.6173	685782.4	3879535
10	8	000651.SZ	20200918	55.2	55.72	54.81	55.65	54.8	0.85	1.5511	338102.4	1871327
11	9	000651.SZ	20200917	55.04	55.29	54.72	54.8	55.05	-0.25	-0.4541	278680.8	1530687
12	10	000651.SZ	20200916	55.77	55.94	54.95	55.05	55.77	-0.72	-1.291	335305.8	1855183
13	11	000651.SZ	20200915	55.28	56.08	54.99	55.77	55.28	0.49	0.8864	436826.2	2436783
14	12	000651.SZ	20200914	54.95	55.71	54.86	55.28	54.86	0.42	0.7656	257775.5	1420455
15	13	000651.SZ	20200911	54.68	55.1	54.31	54.86	54.6	0.26	0.4762	324752	1778013

图 3-5 Excel 文件的内容

如果要去掉图 3-5 中的第一列数据索引，可以设置 to_excel()函数中的参数 index 为 False。to_excel()函数的用法如下所示，常用参数如表 3-1 所示。

DataFrame.**to_excel**(excel_writer=None, sheetname=None', na_rep=", columns=None, header=True, index=True, encoding=None)

表 3-1　to_excel()函数的常用参数

参数	描述
excel_writer	用于指定文件路径或者 ExcelWriter 对象
sheetname	用于设置 sheet 名称，默认为 Sheet1
na_rep	用于设置在遇到 NaN 值的替代字符，默认为空字符
columns	用于设置需要保存的列，默认为 None
header	用于设置是否保留列名，默认为 True
index	用于设置是否保留索引，默认为 True
encoding	用于指定文件编码格式

3.2.2　数据存储

Pandas 的二维数组对象不仅支持将数据存储为 Excel 格式，还支持将数据存储到文本文件（如 CSV 文件）以及数据库中。

1. 存储到 CSV 文件中

to_csv()函数用于将数据存储到文本文件中，其用法与 to_excel()函数类似，如下所示，常用常数如表 3-2 所示。

```
DataFrame.to_csv(path_or_buf=None, sep=",", na_rep=", columns=None, header=True, index=True, encoding=None)
```

表 3-2　to_csv()函数的常用参数

参数	描述
path_or_buf	用于指定文件路径
sep	用于设置分隔符，默认为逗号
na_rep	用于设置遇到缺失值的替代字符，默认为空字符
columns	用于设置需要保存的列，默认为 None（全选）
header	用于设置是否保留列名，默认为 True
index	用于设置是否保留索引，默认为 True
encoding	用于设置文件编码格式，默认为 UTF-8 格式

以下代码实现了将数据保存为 CSV 文件格式。

```
df.to_csv("格力电器.csv",#文件名
        sep=",",#间隔符
        na_rep="99999",#缺失值使用"99999"代替
        header=True,#保留列名
        index=False)#不保留索引
```

图 3-6 中展示了保存到 CSV 文件中的股票数据。

2. 存储到数据库中

在实际应用中，大部分数据都会存储到数据库中，Pandas 也提供了从关系型数据库读取和存储数据的函数，它支持 MySQL、Oracle、SQL Server 和 SQLite 等主流数据库。下面以 MySQL 数据库为例，实现将股票数据存储于 MySQL 数据库中的功能。

	A	B	C	D	E	F	G	H	I	J	K
1	ts_code	trade_date	open	high	low	close	pre_close	change	pct_chg	vol	amount
2	000651.SZ	20200930	53.16	53.42	53.03	53.3	53.06	0.24	0.4523	227172.1	1209073
3	000651.SZ	20200929	53.4	53.61	53.06	53.06	53.02	0.04	0.0754	293494.7	1564171
4	000651.SZ	20200928	54.12	54.45	53	53.02	54.11	-1.09	-2.0144	463813.5	2470967
5	000651.SZ	20200925	54.35	54.56	53.99	54.11	54.33	-0.22	-0.4049	248544.9	1345016
6	000651.SZ	20200924	55.12	55.26	54.12	54.33	55.51	-1.18	-2.1257	314258.9	1715411
7	000651.SZ	20200923	55.5	55.69	55.05	55.51	55.5	0.01	0.018	243258.6	1345627
8	000651.SZ	20200922	56.15	56.46	55.28	55.5	56.55	-1.05	-1.8568	336980.5	1882712
9	000651.SZ	20200921	55.75	56.95	55.69	56.55	55.65	0.9	1.6173	685782.4	3879535
10	000651.SZ	20200918	55.2	55.72	54.81	55.65	54.8	0.85	1.5511	338102.4	1871327
11	000651.SZ	20200917	55.04	55.29	54.72	54.8	55.05	-0.25	-0.4541	278680.8	1530687
12	000651.SZ	20200916	55.77	55.94	54.95	55.05	55.77	-0.72	-1.291	335305.8	1855183

图 3-6　CSV 文件的股票数据

1）搭建 MySQL 数据库服务器。

进入 MySQL 官方网站，下载 MySQL 数据库安装包，地址为https://dev.mysql.com/downloads/windows/installer/，读者根据自己操作系统的版本及类型，选择需要安装的版本，单击"Download"按钮进入下载页下载安装包，如图 3-7 所示。

MySQL Installer 8.0.21

Select Operating System:

Microsoft Windows

Looking for previous
GA versions?

Windows (x86, 32-bit), MSI Installer (mysql-installer-web-community-8.0.21.0.msi)	8.0.21	24.5M	**Download** MD5: cf2b46ba35a4443f41fb8e94a0e91d93 | Signature
Windows (x86, 32-bit), MSI Installer (mysql-installer-community-8.0.21.0.msi)	8.0.21	427.6M	**Download** MD5: b52294aa854356c266e9a9aec737ba08 | Signature

图 3-7　MySQL 官方网站

MySQL 安装包下载完后，运行安装包，按照提示安装即可，在此不做过多阐述。

2）Python 连接 MySQL 数据库服务器。

连接 MySQL 数据库服务器，需要使用 SQLAlchemy 库，而 SQLAlchemy 库需要配合相应的数据库连接工具才能连接成功，这里使用 pymysql 库。使用以下命令安装 pymysql 库（SQLAlchemy 库无须安装，Anaconda 中已有）。

```
>pip install pymysql
```

如果安装成功，会显示如图 3-8 所示的提示信息。

图 3-8　成功安装 pymysql 的提示信息

以下代码实现了使用 SQLAlchemy 库建立对应的数据库连接的功能。

```
#导入 sqlalchemy 库
from sqlalchemy import create_engine
#创建一个 MySQL 连接器对象 engine
#用户名为 root，密码为 1234
#地址为 127.0.0.1（本地），端口为 3306
#数据库名称为 stock，编码格式为 UTF-8
engine  =  create_engine("mysql+pymysql://root:1234@127.0.0.1:3306/stock?
charset=utf8")
```

3）将股票数据存储于 MySQL 数据库中。

使用 to_sql()函数将数据存储到名为 stock 的 MySQL 数据库服务器中。实现代码如下所示。

```
df.to_sql("geli",#表名称
        con=engine,#数据库连接器对象
        index=False,#不保留索引
        if_exists="replace")#如果表已存在，则先删除再重新创建表
```

to_sql()函数的用法如下所示，常用参数如表 3-3 所示。

```
DataFrame.to_sql(name,  con,  schema=None,  if_exists='fail',  index=True,
index_label=None, chunksize=None, dtype=None, method=None)
```

表 3-3　to_sql()函数的常用参数

参数	描述
name	用于设置表名称。string 型，无默认值
con	用于设置数据库连接对象，无默认值
if_exists	用于设置表名已存在时的处理方法，可设为'fail'、'replace'、'append'。其中，'fail'表示引发 ValueError 错误，不执行写入操作，为默认选项；'replace'表示删除原有表，再重新创建新表；'append'表示将新值追加到现有表中
index	用于设置是否将索引写入到表中。值为 boolean 型，默认为 True
index_label	用于设置索引的名称，如果该参数为 None 且 index 为 True，则使用索引名。如果为多重索引，则应该使用 sequence 形式。默认为 None
chunksize	用于设置一次要写入的行数。默认将所有行一次写入。值为 int 型，可选
dtype	用于设置写入的数据类型。值为 dict 型（列名为 key，数据格式为 value）或标量（应用于所有列）。默认为 None

执行该程序，如果没有任何错误，在 MySQL 数据库服务器中查看 stock 数据库中的 geli 数据表，由图 3-9 所示的内容可知，格力电器股票交易数据被成功地写入到 MySQL 数据库中。

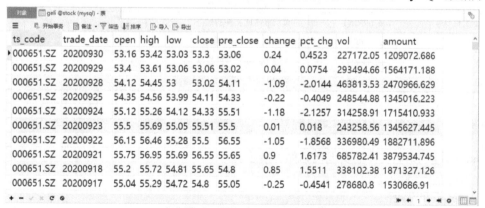

图 3-9　查询 stock 数据库中的 geli 数据表

📢 技能提升

Pandas 不仅可以将 DataFrame 数据保存到文本文件、Excel 文件以及数据库中，还可以保存为更多文件类型，表 3-4 列举了 Pandas 支持的文件类型。

表 3-4　Pandas 支持的文件类型

文件类型	函数	说明
文本文件	to_csv()	该方法可以将数据保存为 CSV、TXT 等文本文件格式
Excel 文件	to_excel()	该方法支持将数据保存为 Excel 文件格式
数据库	to_sql()	该方法支持将数据保存到 MySQL、Oracle、SQL Server 和 SQLite 等主流数据库中
pickle 文件	to_pickle()	该方法支持 Python 将数据序列化为二进制文件格式
HDF 文件	to_hdf()	HDF（Hierarchical Data Format）可以存储不同类型的图像和数码数据，并且可以在不同类型的机器上传输
JSON 文件	to_json()	JSON（JavaScript Object Notation）是一种轻量级的数据交换格式，非常适用于服务器与 JavaScript 的交互
HTML 文件	to_html()	HTML（HyperText Markup Language，超文本标记语言）是一种用于创建网页的标准标记语言

任务 3.3　数据读取

Pandas 也提供了相应的函数用于从文本文件、EXCEL 文件以及 MySQL 数据库中读取数据，表 3-5 介绍了 Pandas 读取数据的函数。

3-2
数据读取

表 3-5　Pandas 读取各种文件的函数

文件类型	函数	说明
文本文件	read_table() read_csv()	读取文本文件的数据，如 CSV、TXT 文件
EXCEL 文件	read_excel()	读取 Excel 文件的数据
数据库	read_sql_table() read_sql_query() read_sql()	读取数据库表中的数据。 read_sql_table通过表名读取整张表； read_sql_query()通过 SQL 语句实现对数据库中表的操作； read_sql()兼具前两者的功能
pickle 文件	read_pickle()	读取 pickle 文件的数据
HDF 文件	read_hdf()	读取 HDF 文件的数据
JSON 文件	read_json()	读取 JSON 文件的数据
HTML 文件	read_html()	读取 HTML 网页文件的数据

3.3.1　读取 CSV 文件中的数据

Pandas 读取 CSV 文件的实现代码如下所示。

```
import pandas as pd
#读取 CSV 文件
data = pd.read_csv("格力电器.csv")#CSV 文件路径
```

```
print(data)
```

运行程序，得到如图 3-10 所示的数据内容。通过 pd.read_csv()函数获取的数据保存于变量 data 中。data 是一个 DataFrame 数组对象，该对象既有行标签（图 3-10 中第 1 行）又有列标签（图 3-10 中第 1 列），下节会详细讲解 DataFrame 数组对象及其使用方法。

```
        ts_code  trade_date   open  ...   pct_chg        vol       amount
0     000651.SZ    20200930  53.16  ...    0.4523  227172.05  1209072.686
1     000651.SZ    20200929  53.40  ...    0.0754  293494.66  1564171.188
2     000651.SZ    20200928  54.12  ...   -2.0144  463813.53  2470966.629
3     000651.SZ    20200925  54.35  ...   -0.4049  248544.88  1345016.223
4     000651.SZ    20200924  55.12  ...   -2.1257  314258.91  1715410.933
..          ...         ...    ...  ...       ...        ...          ...
659   000651.SZ    20180108  48.17  ...   -0.1000  788630.47  3791400.025
660   000651.SZ    20180105  46.80  ...    2.7900  781865.80  3697662.850
661   000651.SZ    20180104  46.00  ...    2.0400  640485.24  2965733.851
662   000651.SZ    20180103  45.30  ...    1.1100  794304.89  3645804.182
663   000651.SZ    20180102  44.20  ...    3.3200  587146.42  2631043.551

[664 rows x 11 columns]
```

图 3-10　Pandas 读取 CSV 文件的数据

事实上，read_csv()函数还提供了一些用于处理其他特殊的文本文件，如缺少标题、带有缺失值、分隔符并非是逗号等，详细用法如下所示。

```
pandas.read_csv(filepath_or_buffer, sep=',', header='infer', names=None,
index_col=None, usecols=None, dtype=None, skiprows=None, nrows=None, encoding=
None)
```

read_csv()函数的常用参数如表 3-6 所示。

表 3-6　read_csv()函数的常用参数

参数名称	描述
filepath_or_buffer	用于设置文件路径
sep	用于设置分隔符。默认为逗号 ","，read_table 默认为制表符 "[Tab]"
header	用于设置第几行作为列名，默认为 0（第 1 行），如果文件没有标题行，则设置为 None
names	用于设置自定义的列名，默认为 None
index_col	用于设置某一列作为 DataFrame 的行名，如果没有这样的列，则设置为 None
usecols	读取按列划分的子集，有以下两种取值。 None：读取所有列，默认值； 列表：如[0,2,4]表示列的索引，["ts_code", "high"]表示列名
dtype	用于设置读取的数据类型（列名为 key，数据格式为 values）。默认为 None
skiprows	用于设置开头要跳过的行数，默认为 None（不跳过任何行）
nrows	用于设置要读取数据的条数，默认为 None（全部读取）
encoding	编码格式

下面来看几个例子。

【例 3-1】　自定义 DataFrame 的列名为 "A" "B" "C" "D" ……。

```
data = pd.read_csv("格力电器.csv",
        skiprows=1,#忽略第 1 行的列名
        names=[ chr(i) for i in range(65,65+11)])#自定义列名
```

参数 names 是一个保存新列名的列表，即["A", "B", "C", "D",...]，实现方法是在列表中使用 for 循环获取 11 个大写字母（共 11 列）。需要注意的是，一旦设置了参数 names，系统就认为这是一个无标题数据集，会将第 1 行作为普通数据看待，因此还需要将参数 skiprows 设置为 1 以忽略原来第 1 行的列名。数据展示效果如图 3-11 所示。

```
       A         B       C       D   ...       H       I          J            K
0  000651.SZ  20200930  53.16   53.42 ...    0.24   0.4523   227172.05   1209072.686
1  000651.SZ  20200929  53.40   53.61 ...    0.04   0.0754   293494.66   1564171.188
2  000651.SZ  20200928  54.12   54.45 ...   -1.09  -2.0144   463813.53   2470966.629
3  000651.SZ  20200925  54.35   54.56 ...   -0.22  -0.4049   248544.88   1345016.223
4  000651.SZ  20200924  55.12   55.26 ...   -1.18  -2.1257   314258.91   1715410.933
..    ...        ...     ...     ...  ...     ...     ...       ...          ...
```

图 3-11　自定义列名

【例 3-2】　跳过前 5 条数据。

```
#读取 csv 文件
data = pd.read_csv("格力电器.csv",
            header=None,#设置无标题格式
            skiprows=5)#忽略前 5 条数据
```

参数 skiprows 设置为 5 表示忽略前 5 条数据（包含第 1 行的标题行），这时数据就成了无标题数据，因此还要将 header 设置为 None 或者使用 names 参数设置新的列名，否则就会默认将新的第 1 行数据作为 DataFrame 的列标签名，如图 3-12 所示。

```
   000651.SZ  20200924  55.12   55.26 ...   -1.18  -2.1257   314258.91   1715410.933
0  000651.SZ  20200923  55.50   55.69 ...    0.01   0.0180   243258.56   1345627.445
1  000651.SZ  20200922  56.15   56.46 ...   -1.05  -1.8568   336980.49   1882711.896
2  000651.SZ  20200921  55.75   56.95 ...    0.90   1.6173   685782.41   3879534.745
3  000651.SZ  20200918  55.20   55.72 ...    0.85   1.5511   338102.38   1871327.126
4  000651.SZ  20200917  55.04   55.29 ...   -0.25  -0.4541   278680.80   1530686.910
..    ...        ...     ...     ...  ...     ...     ...       ...          ...
```

图 3-12　未将 header 设置为 None 的情况

【例 3-3】　读取前 10 条数据中的 trade_date、open、high 和 low 这几列数据。

```
data = pd.read_csv("格力电器.csv",
            nrows=10,#获取 10 条数据
            usecols=['trade_date','open','high','low'])#按名称获取相应的列
```

参数 nrows 按行获取相应行数据，参数 usecols 按列获取相应列数据，可以使用列名称，也可以使用列索引，如使用 usecols=[1,2,3,4]也能得到相同的结果，如图 3-13 所示。

```
   trade_date   open    high     low
0   20200930   53.16   53.42   53.03
1   20200929   53.40   53.61   53.06
2   20200928   54.12   54.45   53.00
3   20200925   54.35   54.56   53.99
4   20200924   55.12   55.26   54.12
5   20200923   55.50   55.69   55.05
6   20200922   56.15   56.46   55.28
7   20200921   55.75   56.95   55.69
8   20200918   55.20   55.72   54.81
9   20200917   55.04   55.29   54.72
```

图 3-13　获取指定范围内的数据

3.3.2　读取 Excel 文件中的数据

Pandas 读取 Excel 文件数据与读取 CSV 文件数据的方法类似。下面使用 read_excel()函数读取"格力电器.xlsx"文件，实现代码如下所示。

```
import pandas as pd
#读取 Excel 文件
data = pd.read_excel("格力电器.xlsx",#Excel 文件路径
```

```
                        sheet_name='Sheet1',#Excel 中 sheet 名称
                        index_col=0)#将第 1 列作为行名
        print(data)
```

运行程序，显示读取的 Excel 文件的数据，如图 3-14 所示。另外，参数 index_col 设置为 0 表示将文件中第 1 列作为 DataFrame 数组对象的列名。

```
        ts_code  trade_date   open  ...  pct_chg       vol       amount
0     000651.SZ    20200930  53.16  ...   0.4523  227172.05  1209072.686
1     000651.SZ    20200929  53.40  ...   0.0754  293494.66  1564171.188
2     000651.SZ    20200928  54.12  ...  -2.0144  463813.53  2470966.629
3     000651.SZ    20200925  54.35  ...  -0.4049  248544.88  1345016.223
4     000651.SZ    20200924  55.12  ...  -2.1257  314258.91  1715410.933
..          ...         ...    ...  ...      ...        ...          ...
659   000651.SZ    20180108  48.17  ...  -0.1000  788630.47  3791400.025
660   000651.SZ    20180105  46.80  ...   2.7900  781865.80  3697662.850
661   000651.SZ    20180104  46.00  ...   2.0400  640485.24  2965733.851
662   000651.SZ    20180103  45.30  ...   1.1100  794304.89  3645804.182
663   000651.SZ    20180102  44.20  ...   3.3200  587146.42  2631043.551

[664 rows x 11 columns]
```

图 3-14　显示 Excel 文件的数据

read_excel()函数的常用参数与 read_csv()函数大部分都一样，详细用法如下所示。

```
        pandas.read_excel(io, sheet_name=0, header=0, index_col=None, names=None,
dtype=None)
```

read_excel()函数的常用参数如表 3-7 所示。

表 3-7　read_excel()函数的常用参数

参数名称	描述
io	文件路径
sheet_name	Excel 内 sheet 的名称或位置，默认为 0。接收 string、int 或 list 型
header	设置第几行作为列名，默认为 0（第 1 行），如果文件没有标题行，则设置为 None
names	设置自定义的列名，默认为 None
index_col	设置某一列作为 DataFrame 的行名，如果没有这样的列，则设置 None
usecols	读取按列划分的子集，划分范围的方法有以下几种。 None：读取所有列，默认。 字符串：如"A:E"表示读取列 A 到列 E 子集所有的数据。 列表：如[0,2,4]表示列的索引，["ts_code", "high"]表示列名
dtype	代表读取的数据类型（列名为 key，数据格式为 values）。默认为 None
skiprows	开头要跳过的行数，默认为 None（不跳过任何行）
nrows	要读取数据的条数，默认为 None（全部读取）

3.3.3　获取 MySQL 数据库中的数据

Pandas 提供了 3 个从数据库中获取数据的函数。

● read_sql_table()，详细用法如下所示。

```
        pandas.read_sql_table(table_name, con, schema='None', index_col='None',
coerce_float='True', parse_dates='None', columns='None', chunksize: None = 'None')
```

● read_sql_query()，详细用法如下所示。

```
pandas.read_sql_query(sql, con, index_col='None', coerce_float='True',
params='None', parse_dates='None', chunksize: None = 'None')
```

● read_sql()，详细用法如下所示。

```
pandas.read_sql(sql, con, index_col='None', coerce_float='True', params=
'None', parse_dates='None', columns='None', chunksize: None = 'None')
```

这 3 个函数的参数基本一样，唯一的区别在于读取的是语句还是表名。3 个函数的参数说明如表 3-8 所示。

表3-8　3个数据库数据读取函数的常用参数

参数名称	描述
sql 或 table_name	string 型。读取数据表的表名或 SQL 语句
con	数据库连接对象
index_col	设置某一列作为 DataFrame 的行名，如果没有这样的列，则设置为 None
coerce_float	boolean 型。将数据库中的 decimal 类型的数据转换为 Pandas 的 float64 类型数据，默认为 True
parse_dates	list 或 dict 型。解析为日期的列名
columns	list 型。要从 SQL 表中读取列名的列表（仅在读取表时使用）。默认为 None

下面使用这 3 个函数从数据库中读取数据，实现代码如下所示。

```
import pandas as pd
from sqlalchemy import create_engine
#1.连接数据库服务器
engine = create_engine("mysql+pymysql://root:1234@127.0.0.1:3306/stock?
charset=utf8")

#2-1.读取数据库的表 geli 中的所有数据
data1= pd.read_sql_table("geli",con=engine)

#2-2.使用 SQL 语句获取表中的数据
data2 = pd.read_sql_query("select * from geli",con=engine)

#2-3.查询数据库 stock 中所有的表名称
data3 = pd.read_sql_query("show tables",con=engine)

#2-4.既可读取表也可通过 SQL 实现查询功能
data4 = pd.read_sql("geli",con=engine)
data5 = pd.read_sql("select * from geli",con=engine)
```

访问数据库之前，要通过 SQLAlchemy 库的 create_engine() 函数创建数据库连接对象 engine。在代码 2-1 中使用 read_sql_table()函数获取表 geli 的所有数据，注意这里的参数 table_name 必须是表的名称。在代码 2-2 中使用 read_sql_query()函数实现了对表 geli 的查询功能，并将查询的结果返回给类型为 DataFrame 的变量 data2，函数的参数 sql 是一条 SQL 语句。在代码 2-3 中，使用 SQL 语句"show tables"查询数据库 stock 中所有的表名称。在代码 2-4 中，read_sql()函数中的参数 sql 既可以是表名也可以是一条 SQL 语句，查询得到的数据如图 3-15 所示。

```
      ts_code trade_date    open  ...  pct_chg        vol       amount
0   000651.SZ   20200930   53.16  ...   0.4523  227172.05  1209072.686
1   000651.SZ   20200929   53.40  ...   0.0754  293494.66  1564171.188
2   000651.SZ   20200928   54.12  ...  -2.0144  463813.53  2470966.629
3   000651.SZ   20200925   54.35  ...  -0.4049  248544.88  1345016.223
4   000651.SZ   20200924   55.12  ...  -2.1257  314258.91  1715410.933
..        ...        ...     ...  ...      ...        ...          ...
659 000651.SZ   20180108   48.17  ...  -0.1000  788630.47  3791400.025
660 000651.SZ   20180105   46.80  ...   2.7900  781865.80  3697662.850
661 000651.SZ   20180104   46.00  ...   2.0400  640485.24  2965733.851
662 000651.SZ   20180103   45.30  ...   1.1100  794304.89  3645804.182
663 000651.SZ   20180102   44.20  ...   3.3200  587146.42  2631043.551

[664 rows x 11 columns]
```

图 3-15　获取 MySQL 数据库的数据

技能提升

不难发现，如果 DataFrame 中的数据较多，展示数据时会使用省略号代替中间的数据，如图 3-15 所示。如果想展示完整的数据，可以通过 Pandas 的 set_option()函数设置数据显示样式。

```
from pandas import set_option
#1.设置显示宽度为380
set_option("display.width",380)
#2.设置最大列数，None 为不限
set_option("display.max_columns",None)
#3.设置最大行数，None 为显示全部行
set_option("display.max_rows",None)
```

任务 3.4　数据简单处理

和 NumPy 拥有自己的数组对象 ndarray 一样，Pandas 也有自己的数组对象，它们是 Series 和 DataFrame。

- Series：带有标签的一维数组对象，类似于 DataFrame 的一列。
- DataFrame：带有行名和列名的二维数组对象，类似于 Excel 表格。NumPy 的 ndarray 数组只能存储同类型数据，而 DataFrame 支持不同数据类型的数据，如图 3-16 所示。

```
      ts_code trade_date    open  ...  pct_chg        vol       amount
0   000651.SZ   20200930   53.16  ...   0.4523  227172.05  1209072.686
                                  列名
1   000651.SZ   20200929   53.40  ...   0.0754  293494.66  1564171.188
2   000651.SZ   20200928   54.12  ...  -2.0144  463813.53  2470966.629
3   000651.SZ   20200925   54.35  ...  -0.4049  248544.88  1345016.223
4   000651.SZ   20200924   55.12  ...  -2.1257  314258.91  1715410.933
..        ...        ...     ...  ...      ...        ...          ...
    行名
659 000651.SZ   20180108   48.17  ...  -0.1000  788630.47  3791400.025
660 000651.SZ   20180105   46.80  ...   2.7900  781865.80  3697662.850
661 000651.SZ   20180104   46.00  ...   2.0400  640485.24  2965733.851
662 000651.SZ   20180103   45.30  ...   1.1100  794304.89  3645804.182
663 000651.SZ   20180102   44.20  ...   3.3200  587146.42  2631043.551
```

图 3-16　DataFrame 数据存储结构

任务 3.3 成功读取了各种类型文件中的数据,并保存到了 DataFrame 数组对象中。DataFrame 提供了很多属性和方法,可以非常便捷、高效地完成各种数据操作。

3.4.1 常用属性

DataFrame 提供了一些有用的属性用于快速查看数组基本信息,表 3-9 列举了一些常用的属性。

表 3-9 DataFrame 的常用属性

属性	说明	属性	说明
values	获取元素值	size	获取元素个数
index	获取行索引	shape	获取数组维度(行列数)
columns	获取列索引	dtypes	获取数据类型
ndim	获取维度数	T	转置

下面举例说明 DataFrame 常用属性的用法。

【例 3-4】 获取 data 中的所有值。

```
import pandas as pd
#读取 CSV 文件
data = pd.read_csv("格力电器.csv")
print("1.获取所有值:\n",data.values)
```

结果如下所示。

```
1.获取所有值:
 [['000651.SZ' 20200930 53.16 ... 0.4523 227172.05 1209072.686]
 ['000651.SZ' 20200929 53.4 ... 0.0754 293494.66 1564171.188]
 ['000651.SZ' 20200928 54.12 ... -2.0144 463813.53 2470966.629]
 ...
 ['000651.SZ' 20180104 46.0 ... 2.04 640485.24 2965733.8510000003]
 ['000651.SZ' 20180103 45.3 ... 1.11 794304.89 3645804.182]
 ['000651.SZ' 20180102 44.2 ... 3.32 587146.42 2631043.551]]
```

【例 3-5】 获取 data 中的行索引值。

```
print("2.获取行索引:\n",data.index)
```

结果如下所示。

```
2.获取行索引:
 RangeIndex(start=0, stop=664, step=1)
```

【例 3-6】 获取 data 中的列索引值。

```
print("3.获取列索引:\n",data.columns)
```

结果如下所示。

```
3.获取列索引:
 Index(['ts_code', 'trade_date', 'open', 'high', 'low', 'close', 'pre_close', 'change', 'pct_chg', 'vol', 'amount'],dtype='object')
```

【例 3-7】 获取 data 中的元素个数。

```
print("4.获取元素个数:\n",data.size)
```

结果如下所示。

4.获取元素个数：
```
7304
```

【例 3-8】　获取 data 中的数组维度。

```
print("5.获取数组维度：\n",data.shape)
```

结果如下所示。

```
5.获取数组维度：
 (664, 11)
```

【例 3-9】　获取 data 中的数据类型。

```
print("6.获取数据类型：\n",data.dtypes)
```

结果如下所示。

```
6.获取数据类型：
 ts_code        object
trade_date     int64
open           float64
high           float64
low            float64
close          float64
pre_close      float64
change         float64
pct_chg        float64
vol            float64
amount         float64
dtype: object
```

【例 3-10】　获取 data 中的数组维度数。

```
print("7.获取维度数：\n",data.ndim)
```

打印得到结果如下所示。

```
7.获取维度数：
 2
```

【例 3-11】　实现 data 的转置操作（行列转换）。

```
data1 = data.T#数据转置
print("8.数据转置后的维度：",data1.shape)
```

结果如下所示。

```
8.数据转置后的维度： (11, 664)
```

3.4.2　查找数据

DataFrame 既有普通数组的特点，又有自己独有的特征，它拥有行名、列名，因此非常便于查找 DataFrame 中不同范围的数据。

1. 使用字典 key 查找数据

Python 中，在访问列表中某个范围的数据时，可以使用下标法实现，代码如下所示。

```
a=[[1,2,3],
   [4,5,6]]
```

```
a[1][1]#访问第2行第2列的数5
```

事实上，绝大多数编程语言都支持这种"[索引]"的方式访问数据。而 DataFrame 是一个带有标签的二维数组，因此可以使用列名或行名作为 key 查找数据，类似于查字典的形式。下面来看几个例子，首先读取"格力电器.csv"文件。

```
import pandas as pd
#读取CSV文件
data = pd.read_csv("格力电器.csv")
```

【例 3-12】 获取交易日期（trade_date）列的数据。

```
print(data["trade_date"])
```

data["trade_date"]返回一个 Series 类型的数组对象，结果如下所示。

```
0      20200930
1      20200929
2      20200928
3      20200925
4      20200924
         ...
659    20180108
660    20180105
661    20180104
662    20180103
663    20180102
Name: trade_date, Length: 664, dtype: int64
```

【例 3-13】 获取交易日期（trade_date）和收盘价（close）这两列数据。

```
print(data[["trade_date","close"]])
```

如果要获取多列数据，可以将这些列名放入一个列表中，结果如下所示。

```
     trade_date  close
0      20200930  53.30
1      20200929  53.06
2      20200928  53.02
3      20200925  54.11
4      20200924  54.33
..          ...    ...
659    20180108  47.83
660    20180105  47.88
661    20180104  46.58
662    20180103  45.65
663    20180102  45.15

[664 rows x 2 columns]
```

【例 3-14】 获取交易日期（trade_date）和收盘价（close）这两列的前 5 条数据。

```
print(data[["trade_date","close"]][:5])
```

data[["trade_date","close"]]得到了交易日期和收盘价这两列数据，再通过行切片[:5]获取前 5 条数据，结果如下所示。

```
     trade_date  close
0      20200930  53.30
1      20200929  53.06
2      20200928  53.02
```

```
3    20200925    54.11
4    20200924    54.33
```

【例 3-15】 获取前 5 条交易数据。

```
print(data[:5])
```

[:5]表示获取前 5 条数据，结果如下所示。

```
     ts_code    trade_date   open   high  ...  change  pct_chg   vol        amount
0  000651.SZ   20200930    53.16  53.42  ...  0.24    0.4523   227172.05  1209072.686
1  000651.SZ   20200929    53.40  53.61  ...  0.04    0.0754   293494.66  1564171.188
2  000651.SZ   20200928    54.12  54.45  ...  -1.09  -2.0144   463813.53  2470966.629
3  000651.SZ   20200925    54.35  54.56  ...  -0.22  -0.4049   248544.88  1345016.223
4  000651.SZ   20200924    55.12  55.26  ...  -1.18  -2.1257   314258.91  1715410.933

[5 rows x 11 columns]
```

📎 注意事项

使用字典 key 的形式访问 DataFrame 数据的一般形式如下。

```
a[列名][行名/行索引值]
```

即先确定列，再确定行。另外，确定列的范围时，不能通过 “:” 来划定（访问所有列除外）。比如，要访问前 5 行前 5 列数据，执行下面的代码。

```
print(data[:"close"][:5])
```

运行会报错，问题在于[:"close"]。正确的写法是将前 5 列的列名全部列出，如以下代码所示。

```
print(data[["trade_date","open","high","low","close"]][:5])
```

结果如下所示。

```
     trade_date  open   high   low    close
0   20200930    53.16  53.42  53.03  53.30
1   20200929    53.40  53.61  53.06  53.06
2   20200928    54.12  54.45  53.00  53.02
3   20200925    54.35  54.56  53.99  54.11
4   20200924    55.12  55.26  54.12  54.33
```

2. 使用切片查找数据

使用字典 key 的形式查找数据虽然能满足数据查看的要求，但是不够灵活，有一定的局限性。

局限 1：定位某列数据时，只能使用列名，无法像 NumPy 的 ndarray 那样使用列索引值。

局限 2：无法自由使用 “:” 截取任意行和列范围的数据。

DataFrame 提供了两种切片函数 loc()和 iloc()，使得 DataFrame 不仅可以截取任意行和列范围的数据，而且可以自由选择使用行/列名或者索引值查找，实现了更为灵活的数据查找。

loc()和 iloc()的不同之处在于 loc()是针对 DataFrame 行/列名的切片函数，如果传入的不是行/列名，操作将无法执行。iloc()接收的必须是行索引值和列索引值（与 ndarray 的切片函数一样）。下面看几个使用切片的例子。

【例 3-16】 获取交易日期（trade_date）列的数据。

```
data.loc[:,"trade_date"]#方法 1
data.iloc[:,1]#方法 2
```

使用 loc()函数截取数据时，要使用行名和列名，而 iloc()则要使用行和列的索引值。

【例 3-17】 获取交易日期（trade_date）和收盘价（close）这两列数据。

```
data.loc[:,["trade_date","close"]]#方法 1
data.iloc[:,[1,5]]#方法 2
```

如果要截取的行或列不是一个连续的范围，可以列举出这些行或列对应的名称或者索引值，放到一个列表中。

【例 3-18】 获取交易日期（trade_date）和收盘价（close）这两列的前 5 条数据。

```
print(data.loc[:4,["trade_date","close"]])#方法 1
print(data.iloc[:5,[1,5]])#方法 2
```

注意，在使用 loc() 获取前 5 行数据时，行的取值范围是 ":4"，这里的 4 表示的行名，并非行的索引值。因此，在使用 iloc() 时，行的取值范围就是 ":5" 了。

【例 3-19】 获取前 5 条交易数据。

```
print(data.loc[:4])#方法 1
print(data.iloc[:5])#方法 2
```

3. 使用条件查找

DataFrame 还支持使用条件表达式来查找数据。下面看几个例子。

【例 3-20】 查找收盘价小于 50 的数据。

```
print(data[data["close"]<50.0])
```

data["close"]<50.0 是一个条件判断语句，它会判断每一条数据中收盘价（close）是否小于 50，如果小于 50，则记为 True，否则记为 False，存储到一个 Series 数组中，如下所示。

```
0        False
1        False
2        False
3        False
4        False
         ...
659      True
660      True
661      True
662      True
663      True
Name: close, Length: 664, dtype: bool
```

data 接收 Series 数组后，会参照 Series 中 close 是 True 时确定选中该条数据，结果如下所示，共 255 条数据符合要求。

```
       ts_code    trade_date   open    ...   pct_chg    vol        amount
131    000651.SZ  20200323     50.00   ...   -4.5569    484671.33  2404677.413
278    000651.SZ  20190809     51.03   ...   -2.0784    391730.18  1966289.443
363    000651.SZ  20190329     45.66   ...   3.4626     795880.27  3735999.148
364    000651.SZ  20190328     45.37   ...   0.0658     346265.42  1578843.399
365    000651.SZ  20190327     45.08   ...   1.7857     430795.60  1955936.752
..     ...        ...          ...     ...   ...        ...        ...
659    000651.SZ  20180108     48.17   ...   -0.1000    788630.47  3791400.025
660    000651.SZ  20180105     46.80   ...   2.7900     781865.80  3697662.850
661    000651.SZ  20180104     46.00   ...   2.0400     640485.24  2965733.851
662    000651.SZ  20180103     45.30   ...   1.1100     794304.89  3645804.182
```

```
663  000651.SZ  20180102      44.20   ...    3.3200  587146.42  2631043.551

[255 rows x 11 columns]
```

【例 3-21】　查找收盘价小于 50 时的交易日期（trade_date）和涨跌幅（pct_chg）。

```
print(data.loc[data["close"]<50.0,["trade_date","pct_chg"]])
```

首先通过设置条件语句筛选出收盘价小于 50 的数据（按行筛选），再从中获取交易日期和涨跌幅这两列数据（按列筛选），因此要使用 loc() 实现。注意，这里不能使用 iloc()，因为 iloc() 可以接收的数据类型并不包括 Series。得到的结果如下所示。

```
     trade_date  pct_chg
131   20200323  -4.5569
278   20190809  -2.0784
363   20190329   3.4626
364   20190328   0.0658
365   20190327   1.7857
..         ...      ...
659   20180108  -0.1000
660   20180105   2.7900
661   20180104   2.0400
662   20180103   1.1100
663   20180102   3.3200

[255 rows x 2 columns]
```

【例 3-22】　查找收盘价小于 50 并且开盘价大于 50 时的所有数据。

```
print(data[(data["close"]<50.0) & (data["open"]>50.0)])
```

本例的筛选条件有两个，两个筛选条件之间是"并且"关系，使用"&"表示，每个条件一定要用圆括号括起来，否则会报错。另外，"或"关系使用"|"表示。得到的结果如下所示。

```
     ts_code     trade_date  open  ...  pct_chg     vol       amount
278  000651.SZ   20190809    51.03 ...  -2.0784  391730.18  1966289.443
556  000651.SZ   20180613    50.20 ...  -1.0300  565320.02  2843041.527
611  000651.SZ   20180322    51.70 ...  -3.4800  842820.65  4246434.652

[3 rows x 11 columns]
```

【例 3-23】　查找收盘价小于 50 并且开盘价大于 50 时的交易日期（trade_date）。

```
print(data.loc[(data["close"]<50.0) & (data["open"]>50.0),"trade_date"])
```

得到的结果如下所示。

```
278   20190809
556   20180613
611   20180322
Name: trade_date, dtype: int64
```

3.4.3　组装数据

1. 拼接数据

有时用户拿到的数据是分开存储的，例如，DataFrame 数组 A 存储的是 2020 年格力电器股票交易数据，数组 B 存储的是 2018 年格

3-3
拼接数据 1

力电器股票交易数据，如图 3-17 所示。

```
        ts_code  trade_date           ts_code  trade_date
0  000651.SZ    20200930      661  000651.SZ    20180104
1  000651.SZ    20200929      662  000651.SZ    20180103
2  000651.SZ    20200928      663  000651.SZ    20180102
```

图 3-17　数组 A（左）和数组 B（右）分别存储不同年份的数据

又如，数组 A 存储一部分属性，如 ts_code 和 trade_date，而数组 B 存储另外一部分属性，如 open 和 high，如图 3-18 所示。

```
        ts_code  trade_date            open    hi
0  000651.SZ    20200930    0  53.16  53.
1  000651.SZ    20200929    1  53.40  53.
2  000651.SZ    20200928    2  54.12  54.
3  000651.SZ    20200925    3  54.35  54.
4  000651.SZ    20200924    4  55.12  55.
```

图 3-18　数组 A（左）和数组 B（右）分别存储不同字段的数据

图 3-17 和图 3-18 所示的情况，都需要将这两组数据拼接起来得到一个完整的集合。在项目 1 的 1.4.2 节中学过使用 NumPy 的 concatenate()函数进行数组的拼接操作，Pandas 也有具备类似功能的函数 concat()。该函数的一般格式如下所示。

```
pandas.concat(objs, axis=0, join='outer', ignore_index=False, keys=None,
levels=None, names=None, verify_integrity=False, sort=False, copy=True)
```

concat()函数的常用参数如表 3-10 所示。

表 3-10　concat()函数的常用参数

参数	描述
objs	参与拼接的 Pandas 对象的列表
axis	0 或 1。表示拼接的方向，默认为 0，即纵向拼接
join	"inner" 或 "outer"。表示内连接（inner）还是外连接（outer）。默认为外连接
ignore_index	表示是否忽略原索引值，如果为 True，则忽略，如果为 False（默认），则保留

【例 3-24】　将图 3-17 中的两组数据实现纵向拼接，实现代码如下所示。

```
import pandas as pd
#读取 CSV 文件
data = pd.read_csv("../data/格力电器.csv")
#获取前 3 条数据中的前两列
A = data.head(3)[["ts_code","trade_date"]]
#获取最后 3 条数据中的前两列
B = data.tail(3)[["ts_code","trade_date"]]
#纵向拼接
all = pd.concat([A,B])
print(all)
```

由代码可知，数组 A 和数组 B 分别从 data 中截取了部分数据，用于演示拼接功能。首先从 data 中截取前 3 条中的前两列数据保存于数组 A 中，再从 data 中截取后 3 条数据中的前两列保存于数组 B 中，最后将 A 和 B 放置于一个列表（或元组）中作为参数调用 Pandas 的 concat()函数实现数组的纵向拼接。输出拼接后的数组 all，得到如下结果。

```
        ts_code    trade_date
0    000651.SZ    20200930
1    000651.SZ    20200929
2    000651.SZ    20200928
661  000651.SZ    20180104
```

```
662  000651.SZ   20180103
663  000651.SZ   20180102
```

注意，数组 all 中的列索引值沿用了数组 A 和数组 B 中列索引的值，如果想从 0 开始重新设置列索引，可以将参数 ignore_index 设置为 True。

```
#纵向拼接
all = pd.concat([A,B],ignore_index=True)
print(all)
```

输出的结果为：

```
   ts_code     trade_date
0  000651.SZ   20200930
1  000651.SZ   20200929
2  000651.SZ   20200928
3  000651.SZ   20180104
4  000651.SZ   20180103
5  000651.SZ   20180102
```

	A	B
0	1	2
1	3	4
2	5	6

	B	C
2	2	11
3	4	13
4	6	15

图 3-19 两个数组的列名不完全相同

数组 A 和数组 B 有一个共同的特点，就是它们的列名完全相同，都为“ts_code”和“trade_date”，纵向拼接就是将相同列名的数据纵向堆叠在一起。

有时，两个数组的列名不完全相同，如图 3-19 所示，数组 A 的列名是“A”和“B”，而数组 B 的列名是“B”和“C”。纵向拼接时，一般会有以下两种拼接需求。

1）只拼接列名相同的列数据，其余列都舍弃，即按列名的交集进行纵向拼接，如图 3-20a 所示。

2）所有列都不舍弃，即按列名的并集进行拼接，如图 3-20b 所示。

通过设置 concat() 方法中的参数 join 为“inner”或“outer”就可以实现按列名的交集或并集进行拼接的功能。

交集(inner)

	B
0	2
1	4
2	6
2	2
3	4
4	6

a)

并集(outer)

	A	B	C
0	1	2	NaN
1	3	4	NaN
2	5	6	NaN
2	NaN	2	11
3	NaN	4	13
4	NaN	6	15

b)

图 3-20 列名不完全相同的数组拼接

a) 按列名的交集纵向拼接 b) 按列名的并集纵向拼接

【例 3-25】 按列名的交集进行拼接，实现代码如下所示。

```
import pandas as pd
#读取 CSV 文件
data = pd.read_csv("../data/格力电器.csv")
#纵向拼接功能
#获取前 3 条数据中的前两列
A = data.head(3)[["ts_code","trade_date"]]
#获取最后 3 条数据中的前两列
B = data.tail(3)[["ts_code","open"]]
#按列名的交集纵向拼接
all = pd.concat([A,B],join="inner")
print(all)
```

拼接后的数据如图 3-21 所示。

【例 3-26】 按列名的并集进行拼接，实现代码如下所示。

```
#按列名的并集拼接
all = pd.concat([A,B],join="outer")
print(all)
```

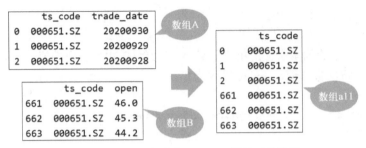

图 3-21　按列名的交集（inner）拼接后的数据

参数 join 的默认值是"outer"，所以也可以忽略不写。拼接后的数据如图 3-22 所示。

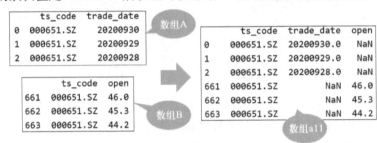

图 3-22　按列名的并集（outer）拼接后的数据

【例 3-27】 将图 3-18 中的两组数据实现横向拼接，实现代码如下所示。

```
#获取前 3 条数据中的前两列
A = data.head(3)[["ts_code","trade_date"]]
#获取前 3 条数据中的第 3～4 列
B = data.head(3)[["open","high"]]
#横向拼接
all = pd.concat([A,B],axis=1)
print(all)
```

由代码可知，数组 A 和数组 B 分别截取了 data 中前 3 条数据中的前两列和第 3～4 列数据。在调用 Pandas 的 concat()方法时，参数 axis 设置为 1，即可实现横向拼接的功能。数组 all 的结果如下所示。

```
   ts_code   trade_date    open    high
0  000651.SZ   20200930    53.16   53.42
1  000651.SZ   20200929    53.40   53.61
2  000651.SZ   20200928    54.12   54.45
```

在横向拼接时也会出现行名不完全相同的情况，如图 3-23 所示。

	A	B		B	C
0	1	2	2	2	11
1	3	4	3	4	13
2	5	6	4	6	15

图 3-23　两个数组的行索引标签不完全相同

横向拼接时，也会有以下两种横向拼接需求。

1）只拼接行名相同的行数据，其余行都舍弃，即按行名的交集进行横向拼接，如图 3-24a 所示。

2）所有行都不舍弃，即按行名的并集进行横向拼接，如图 3-24b 所示。

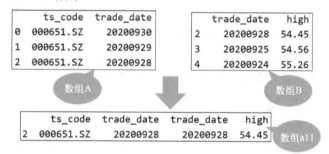

图 3-24　行名不完全相同的数组拼接

a) 按行名的交集横向拼接　b) 按行名的并集横向拼接

【例 3-28】 按行名的交集进行拼接，实现代码如下所示。

```
#获取前 3 条数据中的前两列
A = data.head(3)[["ts_code","trade_date"]]
#获取第 3~5 条数据中的第 3~4 列
B = data.loc[2:4,["trade_date","high"]]
#按行名的交集进行横向拼接
all = pd.concat([A,B],axis=1,join="inner")
print(all)
```

拼接后的数据如图 3-25 所示。

图 3-25　按名的交集（inner）拼接后的数据

【例 3-29】 按行名的并集进行拼接，实现代码如下所示。

```
#按行名的并集进行横向拼接
all = pd.concat([A,B],axis=1)
print(all)
```

拼接后的数据如图 3-26 所示。

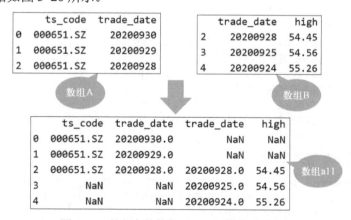

图 3-26　按行名的并集（outer）拼接后的数据

2. merge 拼接数据

有时需要根据一个或多个键将多个数据集的行连接起来，例如数组 A 的列名是"A"和"B"，数组 B 的列名是"B"和"C"，那么"B"则是连接这两个数组的主键，通过这个键，就可以将这两个数组合并起来，如图 3-27 所示，其结果集为两个数组的列数之和减去连接键的数量。

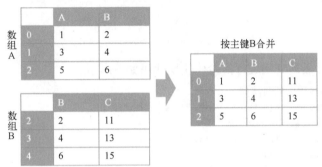

图 3-27 按主键进行合并

学过 SQL 语言的读者对这种模式一定不陌生，它类似于 SQL 中的 join 操作，即用几个表共有的引用值从不同的表获取数据。以这些共有的引用值为基础，能够获取到列表形式的新数据，这些数据是对几个表中的数据进行合并得到的。

Pandas 中使用 merge()函数实现类似 SQL 中 join 操作的功能，叫作合并数据。

【例 3-30】 按交易日合并数组 A 和数组 B，如图 3-28 所示。

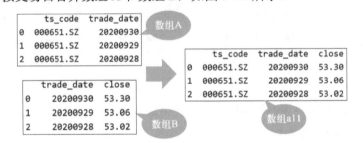

图 3-28 按交易日进行合并

实现代码如下所示。

```
import pandas as pd
#读取 CSV 文件
data = pd.read_csv("../data/格力电器.csv")
#获取前 3 条数据中的股票代码和交易日
A = data.head(3)[["ts_code","trade_date"]]
#获取前 3 条数据中的交易日和收盘价
B = data.head(3)[["trade_date","close"]]
all = pd.merge(A,B,on="trade_date")
print(all)
```

merge()函数的一般格式如下所示。

```
pandas.merge(left, right, how='inner', on=None, left_on=None, right_on=
None, left_index=False, right_index=False, sort=False, suffixes=('_x','_y'),copy=
True, indicator=False, validate=None)
```

merge()函数的常用参数说明如表 3-11 所示。

表 3-11　merge()函数的常用参数

参数名称	描述
left	要合并的数组 A，DataFrame 或 Series
right	要合并的数组 B，DataFrame 或 Series
how	数据的连接方式，有内连接（inner）、外连接（outer）、左连接（left）和右连接（right），默认为 inner
on	两个数组的主键（必须一致）
left_on	left 数组用于连接的列名，默认为 None
right_on	right 数组用于连接的列名，默认为 None （left_on 与 right_on 主要用于连接 2 个列名不同的数组）
left_index	是否使用 left 数组的行索引作为连接键，默认为 False
right_index	是否使用 right 数组的行索引作为连接键，默认为 False
sort	是否根据连接键对合并后的数据进行排序，默认为 False
suffixes	存在相同列名时在列名后面添加的后缀，默认为('_x', '_y')
copy	默认为 True，表示将数据复制到新数组中，设置为 False 可以提高性能
indicator	显示合并结果中的数据来自哪个数组

与 SQL 中的 join 一样，merge()函数也有 4 种连接方式。可以通过参数“how”来设置连接方式。不同的连接方式得到的效果不一样，如图 3-29 所示，颜色填充部分为得到的合并结果。

▼内连接(inner)
数组A
数组B
▼外连接(outer)
数组A
数组B
▼左连接(left)
数组A
数组B
▼右连接(right)
数组A
数组B

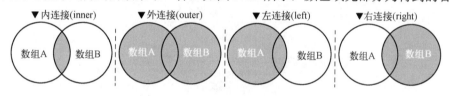

图 3-29　4 种不同的数据连接方式

图 3-30 展示了使用 4 种不同的数据连接方式得到的结果集。

数组A
A B
0 1 2
1 3 4
数组B
B C
2 4 11
3 6 13
inner
A B C
0 3 4 11
left
A B C
0 1 2 NaN
1 3 4 11.0
outer
A B C
0 1.0 2 NaN
1 3.0 4 11.0
2 NaN 6 13.0
right
A B C
0 3.0 4 11
1 NaN 6 13

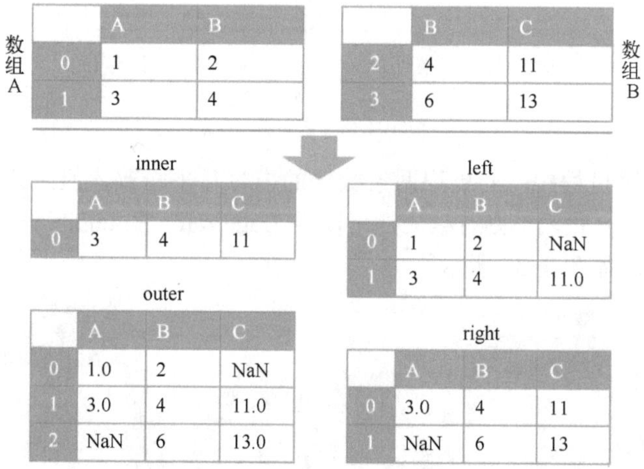

图 3-30　4 种不同的数据连接方式得到的结果集

【例 3-31】　按照不同的数据连接方式实现图 3-30 所示的结果集。

以下代码实现了使用内连接合并两个数组的功能。其他连接方式的实现，只要更改 merge()函数中参数 how 的值即可。

```
import pandas as pd
#数组A
A=pd.DataFrame([[1,2],[3,4]],index=[0,1],columns=["A","B"])
#数组B
B = pd.DataFrame([[4,11],[6,13]],index=[2,3],columns=["B","C"])
#按照不同的连接方式合并数据
all = pd.merge(A,B,on="B",how="inner")
print(all)
```

有时行索引也需要作为连接键进行数组的合并，如图 3-30 中的数组 A 和数组 B，它们的行索引并不完全相同，如果将行索引作为连接键，就会得到不同的结果集。

【例 3-32】 将左右数组的行索引作为唯一连接键进行数组的合并。

要实现将行索引作为连接键的功能，只需设置 merge()函数中的 left_index 和 right_index 为 True 即可，实现代码如下所示。

```
all = pd.merge(A,B,left_index=True,right_index=True,how="inner")
print(all)
```

图 3-31 展示了使用行索引作为连接键时，连接方式为内连接和外连接的结果集。读者也可以更改连接方式，看看得到什么样的结果集。

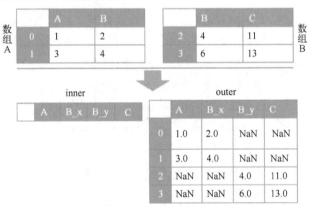

图 3-31 使用行索引作为连接键得到的结果集

3. 重叠数据的合并

在数据分析和处理过程中，若出现两条数据的内容几乎一致，但是某些特征在其中一张表上是完整的，而在另外一张表上则有缺失，可以用 DataFrame 的 combine_first()方法进行重叠数据的合并，其合并原理如图 3-32 所示。

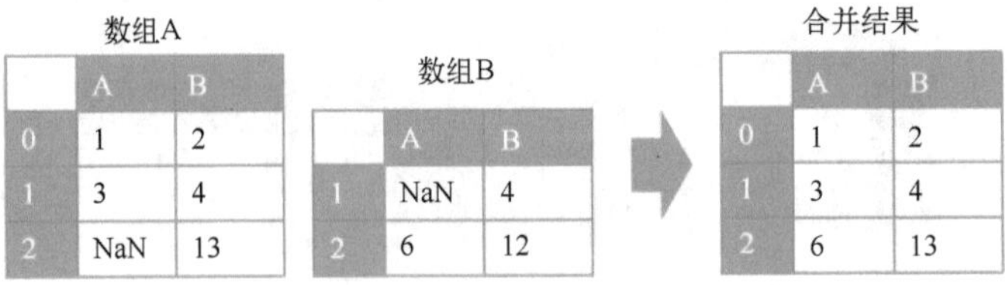

图 3-32 combine_first()方法进行重叠数据的合并

实现代码如下所示。

```
import pandas as pd
#数组A
```

```
A=pd.DataFrame([[1,2],[3,4],[pd.NA,13]],index=[0,1,2],columns=["A","B"])
#数组 B
B = pd.DataFrame([[pd.NA,4],[6,12]],index=[1,2],columns=["A","B"])
#重叠数据的合并
all = A.combine_first(B)
print(all)
```

combine_first()方法具有以下几个特点。

1）与 merge()函数不同，combine_first()方法是 DataFrame 数组对象自带的方法。

2）合并时，除了列名外，行索引也是其中的一个连接键。

3）如果待重叠合并的两个数组相同位置上的值不同，如数组 A
的 13 和数组 B 的 12，则结果以数组 A 中的值为准。

3-5
数据增删改
操作

3.4.4 添加数据

为 DataFrame 添加一列数据的方法主要有两种。

1. 字典形式的赋值

使用 data[key]=value 的形式添加一列数据到数据集的最后，这里的 value 既可以是一个
list、ndarray 一维数组、Series 数组，也可以是单个值。实现代码如下所示。

```
import pandas as pd
import numpy as np
#读取 CSV 文件
data = pd.read_csv("格力电器.csv")
#字典形式的赋值
data["bias"] = np.arange(len(data))#ndarray 数组(0,1,2...)
print(data.head())#输出前 5 条数据
```

得到的结果如下所示。

```
     ts_code  trade_date  open   high  ...  pct_chg       vol       amount  bias
0  000651.SZ    20200930  53.16  53.42  ...   0.4523  227172.05  1209072.686     0
1  000651.SZ    20200929  53.40  53.61  ...   0.0754  293494.66  1564171.188     1
2  000651.SZ    20200928  54.12  54.45  ...  -2.0144  463813.53  2470966.629     2
3  000651.SZ    20200925  54.35  54.56  ...  -0.4049  248544.88  1345016.223     3
4  000651.SZ    20200924  55.12  55.26  ...  -2.1257  314258.91  1715410.933     4

[5 rows x 12 columns]
```

如果新增列中的各个值相同，则直接为其赋一个常量即可，实现代码如下所示。

```
data["bias"] = 1#设置相同的值
print(data.head())#输出前 5 条数据
```

得到的结果如下所示。

```
     ts_code  trade_date  open   high  ...  pct_chg       vol       amount  bias
0  000651.SZ    20200930  53.16  53.42  ...   0.4523  227172.05  1209072.686     1
1  000651.SZ    20200929  53.40  53.61  ...   0.0754  293494.66  1564171.188     1
2  000651.SZ    20200928  54.12  54.45  ...  -2.0144  463813.53  2470966.629     1
3  000651.SZ    20200925  54.35  54.56  ...  -0.4049  248544.88  1345016.223     1
4  000651.SZ    20200924  55.12  55.26  ...  -2.1257  314258.91  1715410.933     1
```

```
[5 rows x 12 columns]
```

2. 使用 insert()函数

使用 DataFrame 的 insert()函数，不仅可以选择按行插入或按列插入，还可以选择插入的位置。如果想在数据最前列插入一列全为 1 的数据，使用 insert()函数实现的代码如下所示。

```
data.insert(0,"bias",1)#最前列插入一列列名为bias、值为1的数据
print(data.head())
```

在 insert()函数中，第 1 个参数设置新列插入的位置，0 表示列的索引值，即第 1 列；第 2 个参数设置列名；第 3 个参数设置插入列的值，常量 1 表示值都为 1，如果要设置不同的值，可以通过 Series 或 ndarray 数组实现。以下代码实现了在第 2 列插入一列列名为 bias、值递增的数据。

```
data.insert(1,"bias",np.arange(len(data)))    #在第2列插入一列列名为bias、值递增的数据
print(data.head())
```

得到的结果如下所示。

```
    ts_code  bias trade_date  open  ...  change  pct_chg       vol       amount
0  000651.SZ    0   20200930  53.16 ...    0.24   0.4523  227172.05  1209072.686
1  000651.SZ    1   20200929  53.40 ...    0.04   0.0754  293494.66  1564171.188
2  000651.SZ    2   20200928  54.12 ...   -1.09  -2.0144  463813.53  2470966.629
3  000651.SZ    3   20200925  54.35 ...   -0.22  -0.4049  248544.88  1345016.223
4  000651.SZ    4   20200924  55.12 ...   -1.18  -2.1257  314258.91  1715410.933

[5 rows x 12 columns]
```

3.4.5 修改数据

有时需要修改 DataFrame 中的部分数据，方法是将这部分数据提取出来，重新赋值为新的数据即可。下面看几个例子。

【例 3-33】 将股票代码（ts_code）中的字符去掉（000651.SZ→000651）。

```
import pandas as pd
#读取CSV文件
data = pd.read_csv("格力电器.csv")
data["ts_code"] = "000651"#修改股票代码为000651
print(data.head())
```

得到的结果如下所示。

```
   ts_code trade_date open  high  ...  change  pct_chg       vol       amount
0  000651   20200930 53.16 53.42 ...    0.24   0.4523  227172.05  1209072.686
1  000651   20200929 53.40 53.61 ...    0.04   0.0754  293494.66  1564171.188
2  000651   20200928 54.12 54.45 ...   -1.09  -2.0144  463813.53  2470966.629
3  000651   20200925 54.35 54.56 ...   -0.22  -0.4049  248544.88  1345016.223
4  000651   20200924 55.12 55.26 ...   -1.18  -2.1257  314258.91  1715410.933

[5 rows x 11 columns]
```

【例 3-34】 将当天收盘价（close）低于 50 的成交额（amount）设定为 0。

```
data.loc[data["close"]<50,"amount"] = 0
```

```
print(data)
```

通过 DataFrame 的 loc()函数提取收盘价（close）低于 50 的成交额（amount），再设置为 0。得到的结果如下所示。

```
    ts_code    trade_date   open   ...   pct_chg     vol      amount
0   000651.SZ  20200930    53.16   ...    0.4523   227172.05  1209072.686
1   000651.SZ  20200929    53.40   ...    0.0754   293494.66  1564171.188
2   000651.SZ  20200928    54.12   ...   -2.0144   463813.53  2470966.629
3   000651.SZ  20200925    54.35   ...   -0.4049   248544.88  1345016.223
4   000651.SZ  20200924    55.12   ...   -2.1257   314258.91  1715410.933
..      ...       ...       ...    ...      ...       ...        ...
659 000651.SZ  20180108    48.17   ...   -0.1000   788630.47     0.000
660 000651.SZ  20180105    46.80   ...    2.7900   781865.80     0.000
661 000651.SZ  20180104    46.00   ...    2.0400   640485.24     0.000
662 000651.SZ  20180103    45.30   ...    1.1100   794304.89     0.000
663 000651.SZ  20180102    44.20   ...    3.3200   587146.42     0.000

[664 rows x 11 columns]
```

3.4.6　删除数据

DataFrame 提供 drop()函数实现删除某列或某行的数据，drop()函数的一般格式如下所示。

```
DataFrame.drop(labels=None,axis=0,index=None,columns=None,level=None,inplace=False,errors="raise")
```

drop()函数的常用参数如表 3-12 所示。

表 3-12　drop()函数的常用参数

参数名称	描述
labels	string 型或 array 型。表示删除的行或列的名称
axis	表示操作的轴向，0（或"index"）表示按行删除，1（或"columns"）表示按列删除，默认为 0
index	按行删除的简洁写法，index=labels 等同于 labels,axis=0
columns	按列删除的简洁写法，index=labels 等同于 labels,axis=1
inplace	表示操作是否对原数据生效。默认为 True
errors	"ignore"或"raise"，如果设置为"ignore"，则不会报错，只删除存在的行或列。默认为"raise"

以下代码实现了按列删除数据的功能。

```
import pandas as pd
#读取 CSV 文件
data = pd.read_csv("格力电器.csv")
data.drop(labels=["ts_code","trade_date"],#删除的行或列的名称
        axis=1,#操作的轴向，1：按列删除
        inplace=True)#对原数据生效
print(data.head())
```

还有一种更简洁的写法，即使用参数 columns 来代替 labels 和 axis=1。代码如下所示。

```
data.drop(columns=["ts_code","trade_date"],#删除列的替代写法
        inplace=True)#对原数据生效
```

得到的结果如下所示。

```
      Open    high   low    close  ...   change  pct_chg    vol        amount
0    53.16   53.42  53.03  53.30   ...   0.24    0.4523   227172.05  1209072.686
1    53.40   53.61  53.06  53.06   ...   0.04    0.0754   293494.66  1564171.188
2    54.12   54.45  53.00  53.02   ...  -1.09   -2.0144   463813.53  2470966.629
3    54.35   54.56  53.99  54.11   ...  -0.22   -0.4049   248544.88  1345016.223
4    55.12   55.26  54.12  54.33   ...  -1.18   -2.1257   314258.91  1715410.933

[5 rows x 9 columns]
```

注意，如果将参数 inplace 设置为 False，则 data 中的数据不会有任何变动，因为此时它会复制一份 data 对象，所有操作针对的都是该复制对象，这时代码可以做如下修改。

```
data1 = data.drop(columns=["ts_code","trade_date"],#删除列的替代写法
                  inplace=False)#不更改原数据
```

技能提升

如果只想删除某一列的数据，还可以使用 pop() 函数和 del 命令实现。实现代码如下所示。

```
data.pop("ts_code")#使用 pop() 函数删除
del data["ts_code"]#使用 del 命令删除
```

任务 3.5　数据深度处理

一个"干净"、整齐的数据集是数据统计分析的重要前提，所以需要将数据集中的一些"脏"数据清洗掉。

3-6
数据深度处理

所谓的"脏"数据，一般包含以下几种情形。

1）多余的数据：一些诸如"编号"之类的数据，对统计分析毫无用处，需要去除。可以使用上一节介绍的 drop() 函数实现。

2）重复的数据：重复的数据会显著影响统计分析的结果和计算效率，需要去除。

3）带有缺失值的数据：字段值缺失或者为空，会直接导致统计分析出错。

4）非数值类型数据：像字符串这种非数值型数据无法参与数学计算，也就无法使用先进的统计分析模型实现数据统计分析功能。

Pandas 提供了丰富的功能来处理"脏"数据。下面就来处理一下格力电器股票交易数据集中的"脏"数据。

3.5.1　数据去重

对于重复数据的界定，需要考虑数据集的实际特点，一般分为以下两种情况。

1）数据完全相同即为重复数据。如图 3-33 所示，这两条数据的值完全一样。

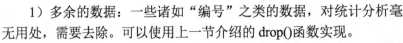

ts_code	trade_date	open	high	low	close	pre_close	change	pct_chg	vol	amount
000651.SZ	20200930	53.16	53.42	53.03	53.3	53.06	0.24	0.4523	227172.05	1209072.7
000651.SZ	20200930	53.16	53.42	53.03	53.3	53.06	0.24	0.4523	227172.05	1209072.7

图 3-33　数据完全相同的数据集

2）只要某些字段值相同即为重复数据。如图 3-34 所示，由于每天只会产生一条股票交易数据，因此完全可以只根据交易时间来判断数据是否重复。

ts_code	trade_date	open	high	low	close	pre_close	change	pct_chg	vol	amount
000651.SZ	20200930	53.16	53.42	53.03	53.3	53.06	0.24	0.4523	227172.05	1209072.7
000651.SZ	20200930	53.4	53.61	53.06	53.06	53.02	0.04	0.0754	293494.66	1564171.2

图 3-34　交易时间相同的数据集

处理重复数据主要有以下三种方式。

1）保留第一个：保留重复数据中的第一条数据。

2）保留最后一个：保留重复数据中的最后一条数据。

3）全不保留：删除所有重复的数据，一个不留。

Pandas 的 DataFrame 提供了 drop_duplicates()函数实现重复数据的检测和处理，详细用法如下所示。

```
DataFrame.drop_duplicates(subset=None, keep='first', inplace=False, ignore_index=False)
```

drop_duplicates ()函数的常用参数如表 3-13 所示。

表 3-13　drop_duplicates ()函数的常用参数

参数名称	描述
subset	列名，表示在指定列中查找重复数据，默认为 None，表示查找全部列
keep	表示对重复数据的处理方式 first：保留第一个（默认）。 last：保留最后一个。 False：只要有重复都不保留
inplace	表示是否在原表上操作。默认为 False

格力电器股票数据中存在重复的数据，如表 3-14 所示第 1 行和第 2 行完全一样，前 3 行的前两列完全一样。

表 3-14　带有重复数据的数据集

ts_code	trade_date	open	high
000651.SZ	20200929	53.4	53.61
000651.SZ	20200929	53.4	53.61
000651.SZ	20200929	54.35	54.56
000651.SZ	20200930	53.16	53.42

下面按照不同的要求实现数据去重功能。

【例 3-35】　如果数据完全一样，则全部删除。实现代码如下所示。

```
import pandas as pd
data = pd.read_csv("格力电器_去重.csv")
data.drop_duplicates(keep=False,inplace=True)
print(data)
```

得到的结果如下所示。经过去重处理后，前两条完全一样的数据被删除掉了。

```
     ts_code   trade_date    open    high
2  000651.SZ    20200929   54.35   54.56
3  000651.SZ    20200930   53.16   53.42
```

【例 3-36】 如果第 1 列和第 2 列数据完全一样，则认定为重复数据，只保留第 1 条数据。实现代码如下所示。

```
data.drop_duplicates(subset=["ts_code","trade_date"],keep="first",inplace=
True)
print(data)
```

得到的结果如下所示。经过去重处理后，只剩下第 1 条和最后 1 条数据。

```
      ts_code    trade_date   open    high
0  000651.SZ    20200929     53.40   53.61
3  000651.SZ    20200930     53.16   53.42
```

3.5.2 缺失值处理

如果数据集中某个或某些特征的值是不完整的，这些值称为缺失值。缺失值会导致样本信息减少，不仅增加数据分析难度，而且会导致结果产生偏差。另外，数据的统计分析离不开数值计算，而缺失值显然会影响数据的正常计算。

拿到数据后，应该先检测数据中是否存在缺失值，如果存在缺失值，先对缺失值处理。检测缺失值的方法如下所示。

```
DataFrame.isnull()#检测是否有缺失值
DataFrame.notnull()#检测是否没有缺失值
```

一旦检测到数据集中存在缺失值，就需要处理这些缺失值。Pandas 中用于处理缺失值的方法主要有三种。

1. 删除法

删除法就是删除缺失值所在的行或列。使用dropna()函数实现，其一般格式如下所示。

```
DataFrame.dropna(axis=0, how='any',
thresh=None, subset=None, inplace=False)
```

dropna()函数的常用参数如表 3-15 所示。

表 3-15 dropna()函数的常用参数

参数名称	描述
axis	0 或 1。表示轴向，0：按行删除，1：按列删除
how	删除方式。 any：只要有缺失值就执行删除操作（默认）。 all：当且仅当全部为缺失值时才执行删除操作
subset	去重的列/行。默认为 None，即所有行/列，array 型
inplace	表示是否在原表上操作。默认为 False

2. 替换法

替换法就是使用某个值填充缺失值。使用 fillna()函数实现，其一般格式如下所示。

```
DataFrame.fillna(value=None, method=None, axis=None, inplace=False, limi
t=None, downcast=None)
```

fillna()函数的常用参数如表 3-16 所示。

3. 插值法

插值法，简单讲，就是通过两点 (x_0, y_0)、(x_1, y_1) 估计中间点的值，假设 $y=f(x)$ 是一条直线，通过已知的两点来计算函数 $f(x)$，然后只要知道 x 就能求出 y，以此方法来估计缺失值，如图 3-35 所示。当然也可以假设 $f(x)$ 不是直线，而是其他函数。

Pandas 使用 interpolate()函数实现插值法填充缺失值的功能，详细代码如下所示。

```
DataFrame.interpolate(method='linear', axis=0, limit=None, inplace=False,
limit_direction=None, limit_area=None, downcast=None, **kwargs)
```

表 3-16 **fillna()函数的常用参数**

参数名称	描述
value	用于填充的值
method	填充方式。 pad / ffill：选择上一个非缺失值。 backfill / bfill：选择下一个非缺失值
axis	0 或 1。0：按行填充，1：按列填充
inplace	表示是否在原表上操作。默认为 False

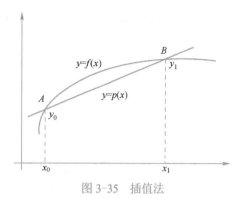

图 3-35 插值法

interpolate ()函数的常用参数如表 3-17 所示。

表 3-17 **interpolate()函数的常用参数**

参数名称	描述
method	使用的部分插值算法。 'linear'：线性（默认）。 'time'：在以天或者更高频率的数据中插入给定时间间隔长度的数据。 'index'、'values'：使用索引对应的值。 'pad'：使用现有值
axis	0 或 1。表示轴向，0：按行插值，1：按列插值
limit	设置最多可以向连续多少个 NaN 中填充其他数值，该值必须大于 0
inplace	表示是否在原表上操作。默认为 False

获取的格力电器股票数据中存在缺失值，如表 3-18 所示。

表 3-18 **带有缺失值的数据集**

ts_code	trade_date	open	high
000651.SZ	20200927	53.4	53.61
000651.SZ	20200928		53.61
000651.SZ	20200929	54.35	
000651.SZ	20200930	53.16	53.42

下面按照不同的要求实现数据的缺失值处理功能。

【例 3-37】 使用固定值-99 填充所有缺失值。实现代码如下所示。

```
import pandas as pd
data = pd.read_csv("格力电器_缺失值.csv")
# 使用替换法填充缺失值
data.fillna(-99,inplace=True)
print(data)
```

得到的结果如下所示。

```
    ts_code  trade_date  open   high
0  000651.SZ  20200927   53.40  53.61
1  000651.SZ  20200928  -99.00  53.61
2  000651.SZ  20200929   54.35 -99.00
3  000651.SZ  20200930   53.16  53.42
```

【例 3-38】 使用 50 填充开盘价（open）的缺失值，使用 55 填充最高价（high）的缺失值。

```
my_dict={"open":50,"high":55}
```

```
data.fillna(my_dict,inplace=True)
print(data)
```

得到的结果如下所示。

```
    ts_code     trade_date    open    high
0   000651.SZ   20200927      53.40   53.61
1   000651.SZ   20200928      50.00   53.61
2   000651.SZ   20200929      54.35   55.00
3   000651.SZ   20200930      53.16   53.42
```

【例 3-39】 使用开盘价（open）和最高价（high）的平均值填充当前列的缺失值。

```
data["open"].fillna(data["open"].mean(),inplace=True)
data["high"].fillna(data["high"].mean(),inplace=True)
print(data)
```

得到的结果如下所示。

```
    ts_code     trade_date    open        high
0   000651.SZ   20200927      53.400000   53.610000
1   000651.SZ   20200928      53.636667   53.610000
2   000651.SZ   20200929      54.350000   53.546667
3   000651.SZ   20200930      53.160000   53.420000
```

【例 3-40】 使用上一个非缺失值填充开盘价（open）中的缺失值。

```
data["open"].fillna(method="bfill",inplace=True)
print(data)
```

得到的结果如下所示。

```
    ts_code     trade_date    open    high
0   000651.SZ   20200927      53.40   53.61
1   000651.SZ   20200928      54.35   53.61
2   000651.SZ   20200929      54.35   NaN
3   000651.SZ   20200930      53.16   53.42
```

【例 3-41】 删除存在缺失值的整列数据。

```
data.dropna(axis=1,how="any",inplace=True)
print(data)
```

得到的结果如下所示。

```
    ts_code     trade_date
0   000651.SZ   20200927
1   000651.SZ   20200928
2   000651.SZ   20200929
3   000651.SZ   20200930
```

【例 3-42】 使用插值法实现对缺失值的填充。

```
data.interpolate(inplace=True)
print(data)
```

得到的结果如下所示。

```
    ts_code     trade_date    open     high
0   000651.SZ   20200927      53.400   53.610
1   000651.SZ   20200928      53.875   53.610
2   000651.SZ   20200929      54.350   53.515
3   000651.SZ   20200930      53.160   53.420
```

3.5.3　数据转换

通常情况，获取到的数据集会包含大量的非数值型数据，如图 3-36 所示。"status"列的值为字符串类型，需要将字符串形式的数据转换为数值类型，以便参与逻辑计算，因为字符串类型的数据是无法进行数值计算的。

ts_code	trade_date	open	high	low	close	status
000651.SZ	20200930	53.16	53.42	53.03	53.3	上涨
000651.SZ	20200930	53.4	53.61	53.06	53.06	下跌
000651.SZ	20200929	53.4	53.61	53.06	53.06	下跌
000651.SZ	20200928	54.12	54.45	53	53.12	平盘

图 3-36　数据集中的非数值型数据

Pandas 通过哑变量（Dummy Variable）实现将字符串转换为数值型的功能。哑变量也叫虚拟变量，引入哑变量的目的是将不能够定量处理的变量量化，如对收入产生影响的职业、性别，对 GDP 产生影响的战争、自然灾害，对某些产品（如冷饮）销售产生影响的季节等。这种"量化"通常是通过引入"哑变量"来完成的。根据这些因素的属性类型构造的只取"0"或"1"的人工变量通常称为哑变量。

以图 3-37 为例，"status"列描述了收盘后该股票的涨跌情况，共有三种取值：上涨、下跌和平盘，每种取值独立为一个特征列，使用"1"或"0"表示当前的激活状态。

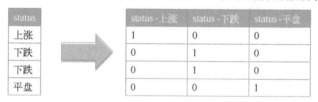

图 3-37　哑变量转换方法

总结起来，哑变量处理的特点有以下几点。

● 若一个类别型特征有 m 个取值，则哑变量处理后就变为 m 个二元特征。

● 特征值互斥，每次只有一个被激活（"1"表示激活）。

● 数据变成了稀疏矩阵的形式，加快了算法模型的运算速度。

Pandas 使用 get_dummies() 函数实现哑变量处理的功能，详细用法如下所示。

```
DataFrame.get_dummies(data, prefix=None, prefix_sep='_', dummy_na=False,
columns=None, sparse=False, drop_first=False, dtype=None)
```

get_dummies() 函数的常用参数说明如表 3-19 所示。

表 3-19　get_dummies ()函数的常用参数

参数名称	描述
data	需要进行哑变量处理的数据
prefix	哑变量处理后列名的前缀。默认为 None
prefix_sep	前缀连接符，默认为"_"
dummy_na	是否为 NaN 添加一列，默认为 False
columns	需要编码的列名，默认为 None，表示对所有列进行编码
drop_first	是否通过从 k 个分类级别中删除第一级来获得 $k-1$ 个分类级别。默认为 False
dtype	生成的新列的数据类型，默认为 Uint8

如果获取的格力电器股票数据如表 3-20 所示，则可以使用哑变量处理将"status"列的数据转换为数值型。

表 3-20　带有非数值型数据的数据集

ts_code	trade_date	open	high	status
000651.SZ	20200927	53.4	53.61	上涨
000651.SZ	20200928	53.4	53.61	下跌
000651.SZ	20200929	54.35	54.61	平盘
000651.SZ	20200930	53.16	53.42	上涨

实现代码如下所示。

```
import pandas as pd
data = pd.read_csv("格力电器_哑变量.csv")
data=pd.get_dummies(data,prefix=["satatus"],columns=["status"])
print(data)
```

得到的结果如下所示。

```
    ts_code  trade_date  open   high   satatus_上涨  satatus_下跌  satatus_平盘
0  000651.SZ  20200927  53.40  53.61       1           0           0
1  000651.SZ  20200928  53.40  53.61       0           1           0
2  000651.SZ  20200929  54.35  54.61       0           0           1
3  000651.SZ  20200930  53.16  53.42       1           0           0
```

任务 3.6　统计分析

数据经过若干处理变"干净"后，就可以使用它们进行统计分析了。本节需要完成以下问题的统计功能。

1）数据集中的收盘价、成交量的最大值及最小值是多少？
2）年平均收盘价、平均日成交额是多少？
3）一年中收盘价的最大值、最小值各是多少？
4）某年各个季度的平均收盘价是多少？

3.6.1　汇总统计

Pandas 的 DataFrame 数组对象自带很多汇总统计的方法，能够轻松实现数据的汇总统计，常用的汇总统计方法如表 3-21 所示。

表 3-21　常用汇总统计方法

方法	描述	方法	描述
count	计算分组中非 NA 值的数量	sum	计算非 NA 值的和
mean	计算非 NA 值的算术平均值	median	计算非 NA 值的中位数
std	计算非 NA 值的标准差	var	计算非 NA 值的方差
min	计算非 NA 值的最小值	max	计算非 NA 值的最大值
describe	一次性产生多个汇总统计		

说明：默认按列进行统计，要按行进行统计，可以设置参数 axis=1。

求数据集中的收盘价、成交量的最大值及最小值的实现代码如下所示。

```python
import pandas as pd
data = pd.read_csv("../data/格力电器.csv")#读取 CSV 文件
data1 = data[["close","vol"]]#获取收盘价和成交量
print("最大值：\n",data1.max())#按列求最大值
print("最小值：\n",data1.min())#按列求最小值
print("多种统计数据：\n",data1.describe())#按列求最小值
```

得到的结果如下所示。

```
最大值：
close          69.88
vol      3745624.78
dtype: float64
最小值：
close          35.68
vol       108436.42
dtype: float64
多种统计数据：
              close           vol
count    664.000000  6.640000e+02
mean      51.409157  5.289048e+05
std        8.239037  3.028455e+05
min       35.680000  1.084364e+05
25%       45.437500  3.461378e+05
50%       53.335000  4.637488e+05
75%       57.452500  6.295725e+05
max       69.880000  3.745625e+06
```

3.6.2　groupby：数据分组聚合

本项目搜集了从 2018—2020 年格力电器股票数据，要想计算每年的平均收盘价、平均成交额等统计信息，就必须将数据集按年份分组，每组分别计算平均收盘价、每天平均成交额等统计信息。DataFrame 提供的 groupby() 函数可以按照指定的特征进行分组，再分别计算各组的统计信息，实现形式如图 3-38 所示。

3-7
groupby：数据分组聚合

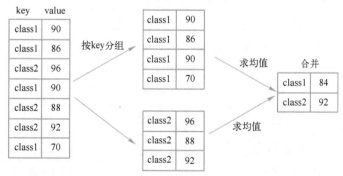

图 3-38　groupby() 方法进行分组统计的实现原理

使用 groupby() 函数实现年平均收盘价和平均日成交额的代码如下所示。

```
1  import pandas as pd
2  #读取 CSV 文件
3  data = pd.read_csv("格力电器.csv")
4  #将日期转换为字符串
5  year = data["trade_date"].astype(str)
6  #提取前 4 位，即年份
7  year = year.str[0:4]
8  #添加到数据集中
9  data["year"]=year
10 #按年份分组
11 group=data[["year","close","amount"]].groupby(by="year")
12 #求得平均值
13 print(group.mean())
```

数据集中"trade_date"列保存年份数据，格式是年月日，如"20200301"，为数值类型。需要将前 4 位的年份单独提取出来，作为新列插入到数据集中，代码第 4~9 行就实现了这个功能。接着从数组 data 中提取了年份、收盘价和成交量这三列数据，再使用 groupby()函数按照年份进行分组，分组结果赋给 DataFrameGroupBy 类的对象 group。最后调用 group 对象的 mean()函数实现按组求得平均值，结果如下所示。

```
          close        amount
year
2018   44.438230   2.607493e+06
2019   53.539958   2.461973e+06
2020   57.894426   3.209122e+06
```

由结果可知，从 2018 年到 2020 年，其股票的价格是逐步增长的，而成交量则是先降后增。
groupby()函数详细的用法如下所示。

DataFrame.**groupby**(by=None, axis=0, level=None, as_index=True, sort=True, group_keys=True, squeeze=<object object>, observed=False, dropna=True)

groupby()函数的常用参数说明如表 3-22 所示。

表 3-22　groupby()函数的常用参数

参数名称	描述
by	用于确定进行分组的依据，必选
axis	表示操作的轴向，默认对列进行操作，即取值为 0
sort	表示是否对分组标签进行排序。默认为 True
group_keys	表示是否显示分组标签的名称。默认为 True
squeeze	表示是否在允许的情况下对返回数据进行降维。默认为 False

该方法返回一个包含分组信息的 DataFrameGroupBy 类的对象，调用该对象中的各种方法，就可以得到分组统计的值。DataFrameGroupBy 类的统计函数如表 3-23 所示。

表 3-23　DataFrameGroupBy 类的统计函数

函数	描述	函数	描述
count	计算分组中非 NA 值的数量	sum	计算非 NA 值的和
mean	计算非 NA 值的算术平均值	median	计算非 NA 值的中位数
std	计算非 NA 值的标准差	var	计算非 NA 值的方差
min	计算非 NA 值的最小值	max	计算非 NA 值的最大值
prod	计算非 NA 值的积	first、last	获取第一个和最后一个非 NA 值

3.6.3　agg：数据聚合

在统计数据时，不同特征值的统计策略也不尽相同，如以下几种统计要求。

1）求得数据集中收盘价、成交额的平均值和最大值。

2）求得数据集中收盘价的平均值，成交额的最大值。

3）求得数据集中收盘价的平均值，成交额的最大值和最小值。

事实上，针对不同特征值，可以使用 Pandas 或者 NumPy 的数据统计函数分别求得。代码如下所示。

3-8
agg：数据聚合

```
import pandas as pd
#读取 CSV 文件
data = pd.read_csv("格力电器.csv")
#1.求得数据集中收盘价、成交额的平均值和最大值
c_a_mean = data[["close","amount"]].mean()#收盘价和成交额的平均值
c_a_max = data[["close","amount"]].max()#收盘价和成交额的最大值

#2.求得数据集中收盘价的平均值，成交额的最大值
c_mean = data["close"].mean()#收盘价的平均值
a_max = data["amount"].max()#成交额的最大值

#3.求得数据集中收盘价的平均值，成交额的最大值和最小值。
c_a_mean = data["close"].mean()#收盘价的平均值
o_max = data["open"].max()#成交额的最大值
o_min = data["open"].min()#成交额的最小值
```

使用上述方法每次只能统计一种数据。使用 DataFrame 的 agg()函数可以设置不同特征的不同统计需求，一次求出，十分方便。下面就使用 DataFrame 的 agg()函数实现上面三个功能。

agg()函数只有两个参数，如表 3-24 所示。参数 func 可以是一个列表（list）、字典（dict）或者函数。

【例 3-43】 求得数据集中收盘价、成交额的平均值和最大值。

表 3-24　agg()函数常用参数

参数名称	描述
func	应用于每行或每列的函数，可以是 list、dict 或函数
axis	表示操作的轴向，默认对列进行操作，取值为 0

```
import pandas as pd
import numpy as np
#读取 CSV 文件
data = pd.read_csv("格力电器.csv")
result1 = data[["close","amount"]].agg([np.mean,np.max])
```

最后一行代码中，首先使用 data[["close","amount"]]提取了收盘价和成交额这两列特征数据，然后调用 DataFrame 对象的 agg()函数，实现了求得这两个特征数据的平均值和最大值。agg()函数中的参数是一个列表，列举了统计函数。使用的是 NumPy 中的统计函数，如 np.mean、np.max、np.min 等。

得到的 result1 值如下所示。由结果可知，result1 是一个 DataFrame 形式的 2×2 的二维数组。第一行是收盘价和成交额的平均值，第二行是两者的最大值。

```
          close        amount
mean   51.409157   2.721144e+06
amax   69.880000   1.819573e+07
```

【例 3-44】 求得数据集中收盘价的平均值，成交额的最大值。

```
result2 =data.agg({"close":np.mean,"amount":np.max})
```

本例中 agg()函数的参数是一个字典，"close"和"amount"为 data 数据集的特征名，np.mean 和 np.max 为统计函数，根据不同的特征执行对应的统计函数。result2 的输出结果如下所示。result2 是一个 Series 形式的一维数组，使用 result2["close"]获取收盘价的平均值。

```
close      5.140916e+01
amount     1.819573e+07
dtype: float64
```

【例 3-45】 求得数据集中收盘价的平均值，成交额的最大值和最小值。

```
result3 = data.agg({"close":np.mean,"amount":[np.max,np.min]})
```

本例中 agg()函数的参数是一个字典与数组的组合，实现了更加灵活的数据统计能力。result3 的输出结果如下所示。result3 是一个 DataFrame 形式的 3×2 的二维数组，三行分别表示收盘价和成交额的最大值、最小值和平均值。NaN 表示未统计该特征的值。

```
          close       amount
amax        NaN   1.819573e+07
amin        NaN   5.631103e+05
mean   51.409157          NaN
```

另外，有些数据是需要分组后再进行各种统计的，如以下几种统计要求。

1）求各年度收盘价与成交额的平均值和最大值。

2）求各年度收盘价的平均值，成交额的最大值。

3）求各年度收盘价的平均值，成交额的最大值和最小值。

groupby()函数可以实现分组功能，但无法实现在组内针对不同特征指定不同统计策略的功能。DataFrameGroupBy 对象集成了 agg()函数，用来解决上述问题。下面就来实现这些功能。

【例 3-46】 求各年度收盘价与成交额的平均值和最大值。

```
import pandas as pd
import numpy as np
#读取 CSV 文件
data = pd.read_csv("格力电器.csv")
#将数值型日期转换为字符串
year = data["trade_date"].astype(str)
#提取前 4 位，即年份
year = year.str[0:4]
#添加到数据集中
data["year"]=year
#按年份分组
group=data[["year","close","amount"]].groupby(by="year")
#求各年度收盘价与成交额的平均值和最大值
r1 = group.agg([np.mean,np.max])
```

输出 r1 的值，得到如下所示的结果。由结果可知，r1 是一个 DataFrame 形式的 4×5 的二维数组，并且还是一个多级列索引，其形式如表 3-25 所示。

```
          close              amount
        mean    amax        mean        amax
year
2018  44.438230  57.40   2.607493e+06  1.712054e+07
2019  53.539958  65.58   2.461973e+06  1.819573e+07
2020  57.894426  69.88   3.209122e+06  8.947222e+06
```

表 3-25 带多级列索引 DataFrame 数组

行索引 \ 列索引	close		amount	
	mean	amax	mean	amax
2018	44.438230	57.40	2.607493e+06	1.712054e+07
2019	53.539958	65.58	2.461973e+06	1.819573e+07
2020	57.894426	69.88	3.209122e+06	8.947222e+06

如果想获取成交额（amount）的平均值和最大值，可以通过如下代码实现。

```
r1["amount"]
```

得到的结果如下所示，这也是一个 DataFrame 数组。

```
          mean        amax
year
2018   2.607493e+06  1.712054e+07
2019   2.461973e+06  1.819573e+07
2020   3.209122e+06  8.947222e+06
```

如果想要获取成交额的年平均值，可以通过如下代码实现，以 2018 年成交额为例。

```
r1["amount"]["mean"]#成交额的年平均值
r1["amount"]["mean"]["2018"]#2018 年成交额的平均值。注意，2018 要加双引号
```

【例 3-47】 求各年度收盘价的平均值，成交额的最大值。

```
#求各年度收盘价的平均值，成交额的最大值
r2 = group.agg({"close":np.mean,"amount":np.max})
```

得到的结果如下所示。

```
         close        amount
year
2018   44.438230   1.712054e+07
2019   53.539958   1.819573e+07
2020   57.894426   8.947222e+06
```

【例 3-48】 求各年度收盘价的平均值，成交额的最大值和最小值。

```
#求各年度收盘价的平均值，成交额的最大值和最小值
r3 = group.agg({"close":np.mean,"amount":[np.max,np.min]})
```

得到的结果如下所示，其中也含多级列标签，获取方法与【例 3-46】一致。

```
         close      amount
         mean       amax          amin
year
2018   44.438230   1.712054e+07   709273.915
2019   53.539958   1.819573e+07   563110.329
2020   57.894426   8.947222e+06   1209072.686
```

3.6.4 apply：数据聚合

agg()方法的优势在于它可以根据不同特征制定不同规则的计算策略。当所有行或列使用的统计规则都一样时，就可以使用 apply()函数实现。apply()方法传入的函数只能够作用于整个 DataFrame 或者

3-9
apply：数据
聚合

Series，而 agg()函数可以对不同字段设置不同函数来获取不同结果。apply()函数的详细用法如下所示。

```
DataFrame.apply ( func,axis = 0,raw = False,result_type = None,args =(),
** kwds)
```

apply()函数的常用参数如表 3-26 所示。

表 3-26　apply()函数的常用参数

参数名称	描述
func	应用于每行或每列的函数，可以是 list、dict 或函数
axis	表示操作的轴向，默认对列进行操作，即取值为 0
raw	表示是否将行或列作为 Series 或 ndarray 传递给函数，默认为 False，即将每个行或列作为序列传递给函数
result_type	表示 apply()函数的返回类型（仅在 axis=1 时起效）。 'expand'：结果作为新列追加。 'reduce'：返回一个 Series。 'broadcast'：将结果广播到 DataFrame 的原始形状，保留原始索引和列。 None：默认值。当 result_type 设置为 None 时，apply()函数的返回类型与 func 参数的返回类型一致

【例 3-49】　求得数据集中收盘价、成交额的平均值。

```
import pandas as pd
import numpy as np
#读取 CSV 文件
data = pd.read_csv("格力电器.csv")
#收盘价、成交额的平均值
c_a_mean = data[["close","amount"]].apply(np.mean)
print(c_a_mean)
```

得到的结果如下所示。

```
close      5.140916e+01
amount     2.721144e+06
dtype: float64
```

【例 3-50】　求得数据集中收盘价、成交额的平均值和最大值。

```
#收盘价、成交额的平均值和最大值
c_a_mean = data[["close","amount"]].apply([np.mean,np.max])
print(c_a_mean)
```

得到的结果如下所示。

```
           close        amount
mean     51.409157    2.721144e+06
amax     69.880000    1.819573e+07
```

【例 3-51】　求得数据集中收盘价、成交额的平均值。

```
#函数作为参数求平均值
def get_mean(data):
    return np.mean(data)
c_a_mean = data[["close","amount"]].apply(get_mean)
print(c_a_mean)
```

这里 apply()的参数是一个自定义函数 get_mean()。得到的结果如下所示。

```
close      5.140916e+01
amount     2.721144e+06
```

```
dtype: float64
```

【例 3-52】　求各年度收盘价与成交额的平均值。

```
#将数值型日期转换为字符串
year = data["trade_date"].astype(str)
#提取前 4 位，即年份
year = year.str[0:4]
#添加到数据集中
data["year"]=year
#按年份分组
group=data[["year","close","amount"]].groupby(by="year")
#求各年度收盘价与成交额的最大值
r1 = group.apply(np.mean)
print(r1)
```

得到的结果如下所示。

```
       year   close    amount
year
2018  2018.0  57.40   1.712054e+07
2019  2019.0  65.58   1.819573e+07
2020  2020.0  69.88   8.947222e+06
```

DataFrameGroupBy 对象也集成了 apply()，使用方法与 agg() 相近，区别在于使用 agg() 能够实现对不同字段应用不同的函数，而 apply() 则不行。另外，在 DataFrameGroupBy 对象的 apply() 中，参数不能是 list。

3.6.5　transform：数据转换

有时需要对 DataFrame 中的数据进行转换，例如以下两种情形。

1）将收盘价和成交额变为原来的两倍。

2）收盘价和成交额减去各自的平均值，得到与平均值的差额。

3-10
transform:
数据转换

transform() 函数可以按行或者按列对整个 DataFrame 的所有元素进行操作，transform() 函数的参数只有两个，即 func 和 axis，使用起来也比较简单。transform() 函数的常用参数如表 3-27 所示。

表 3-27　transform ()函数的常用参数

参数名称	描述
func	应用于每行或每列的函数，可以是 list、dict 或函数
axis	表示操作的轴向，默认对列进行操作，即取值为 0

【例 3-53】　将收盘价和成交额变为原来的两倍。

```
import pandas as pd
import numpy as np
#读取 CSV 文件
data = pd.read_csv("格力电器.csv")
#将收盘价和成交额变为原来的两倍
result1 = data[["close","amount"]].transform(lambda x:x*2)
print(result1.head())
```

输出结果如下所示。

```
     close      amount
0  106.60   2418145.372
1  106.12   3128342.376
2  106.04   4941933.258
3  108.22   2690032.446
4  108.66   3430821.866
```

【例 3-54】 收盘价和成交额减去各自的平均值，得到与平均值的差额。

```
result2 = data[["close","amount"]].transform(lambda x:x-x.mean())
print(result2.head())
```

输出结果如下所示。

```
     close       amount
0  1.890843  -1.512071e+06
1  1.650843  -1.156973e+06
2  1.610843  -2.501773e+05
3  2.700843  -1.376128e+06
4  2.920843  -1.005733e+06
```

小结

本章以格力电器股票交易数据为例，使用 Pandas 完成了数据的预处理和统计分析。数据预处理的过程主要有数据的获取与存储、数据的读取、数据的简单处理和数据的深度处理。在数据的统计分析过程中，使用 groupby()实现数据的分组，使用 agg()、apply()和 transform()实现数据聚合和数据转换。

课后习题

一、单选题

1. 获取 DataFrame 数组对象的列标签名称，可以使用（   ）属性。
   A. df.shape　　　　　B. df.index　　　　　C. df.columns　　　　　D. df.dtypes
2. 使用 to_sql()可以将数据存储到数据库，如果表已存在，想要将数据追加到原表中，以下针对参数 if_exists 设置正确的是（   ）。
   A. fail　　　　　B. replace　　　　　C. append　　　　　D. insert
3. 将两个数据集 a 和 b，按列进行合并（水平方向），使用（   ）。
   A. concat([a,b],axis=0)　　　　　B. concat((a,b),axis=0)
   C. vstack([a,b],axis=1)　　　　　D. vstack((a,b),axis=1)
4. 以下关于 NumPy、Matplotlib 和 Pandas 的说法错误的是（   ）。
   A. Matplotlib 支持多种数据展示，使用 pyplot 子库即可
   B. NumPy 底层采用 C 实现，因此运行速度很快
   C. Pandas 也包含一些数据展示函数，可不用 Matplotlib

  D．Pandas 仅支持一维和二维数据分析，多维数据分析要用 NumPy

5．下列关于 groupby() 的说法正确的是（　　）。

  A．groupby() 能够实现分组聚合

  B．groupby() 的结构能够直接查看

  C．groupby() 是 Pandas 提供的一个用来分组的方法

  D．groupby() 是 Pandas 提供的一个用来聚合的方法

6．以下关于缺失值处理的说法中，错误的是（　　）。

  A．检测数据集中是否有缺失值使用 isnull() 方法

  B．dropna() 只要判断有缺失值就执行删除操作

  C．fillna() 既可以按行填充缺失值又可以按列填充缺失值

  D．fillna() 的参数 method 设置为 ffill 时，会选择上一个非缺失值来填充当前缺失值

7．以下关于数据聚合的说法，错误的是（　　）。

  A．agg() 可以设置不同特征的不同统计需求

  B．apply() 对所有行或列使用相同的统计规则

  C．transform() 可以按行或者按列对整个 DataFrame 的所有元素进行操作

  D．groupby() 只能针对每一个特征进行单独统计

二、编程题

1．针对某银行直销活动的数据集，要求使用 Pandas 完成以下数据处理和分析任务。

（1）读取该 CSV 数据集文件，将数据存储于一个 DataFrame 数组对象中。

（2）判断数据集中是否有缺失值，如果有，则使用上一个非缺失值填充。对于第一条数据中的缺失值，使用下一个非缺失值填充。

（3）将数据集中的最后一个字段"y"中的"yes"替换为 1，"no"替换为 0。

（4）按照字段"job"（职业类型）分组，求每个职业的平均存款余额。（字段"balance"表示存款余额）

（5）按照字段"education"（教育程度）分组，求每个分组中的最大年龄和最小年龄。

2．现有一个记录一群人是否吃过 7 种奇怪食物的数据集，要求使用 Pandas 完成以下数据处理和分析任务。

（1）读取该 Excel 数据集文件，将数据存储于一个 DataFrame 数组对象中。

（2）判断数据集中是否存在缺失值，如果存在缺失值，则使用上一个非缺失值填充。

（3）分别统计每个人吃过的奇怪食物的数量，并作为新的一列增加到数组的最后。

（4）按照年龄分组，求不同年龄人群吃过的奇怪食物的平均数量。

（5）按照性别分组，分别求不同性别人群吃过的奇怪食物的平均数量、最大数量和最小数量。

项目 4　使用 Pandas 实现股票交易数据可视化

前面使用 Matplotlib 实现了数据的可视化，但是由于不同的图形需要调用不同的函数实现，并且还得配置标题、刻度值等，实现步骤较烦琐。Pandas 库集成了 Matplotlib 并做了进一步的封装，这使得 DataFrame 和 Series 数组对象都自带绘图方法，极大地简化了将数据进行可视化的步骤。

任务 4.1　项目需求分析

【项目介绍】

本项目仍以格力电器股票交易数据为例，使用 Pandas 的绘图功能来完成数据的可视化。主要解决以下问题。

1）走势：使用折线图展示股价走势，使用更加专业的 K 线图展现丰富的股票信息。

2）关系：使用散点图展示成交量和股价之间的关系。

3）同比：使用条形图展现成交量的同比关系。

4）占比：使用饼图展现成交量的比例关系。

【项目流程】

按照上面的问题，制定了本项目实现的方法和流程，如图 4-1 所示。

【项目目标】

与项目流程相对应，本项目的主要学习目标如下。

图 4-1　本项目实现方法和流程

1）走势：使用 Pandas 生成折线图，要求能够展现最高价和收盘价的走势；使用金融数据可视化分析模块 mplfinance 生成 K 线图，要求能够展现开盘价、最高价、最低价、收盘价的趋势。

2）关系：使用 Pandas 生成散点图，要求能够展示成交量和股价之间的关系。

3）同比：使用 Pandas 生成条形图，要求能够清晰展示相同月份的成交量之间的同比关系。

4）占比：使用 Pandas 生成饼图，要求能够展示某年每个月成交量的比例关系。

注意，本项目使用的 Pandas 的版本是 1.2.3，如果使用低于 1.1.0 版本的 Pandas，运行本项目的程序可能会出现错误。

任务 4.2　折线图：展现股价走势

为了分析 2018—2020 年间格力电器的股价走势，可以使用折线图。图 4-2 中展示了数据集中最高价和收盘价的股价走势图。

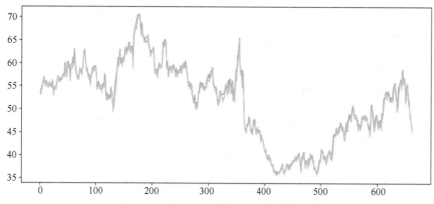

图 4-2　Pandas 实现的简洁版股价走势图

实现代码如下所示。

```
import pandas as pd
import matplotlib.pyplot as plt
#读取 CSV 文件
data = pd.read_csv("../data/格力电器.csv")
data[["high","close"]].plot()#绘制最高价和收盘价的股价走势图

plt.show()
```

4-1
折线图：展现
股价走势

由代码可知，要绘制最高价和收盘价的股价走势图，首先通过 **data[["high","close"]]** 从 data 中获取最高价和收盘价这两列特征数据，data[["high","close"]]是一个 DataFrame 数组对象，调用该对象的 plot()函数，就可以完成折线图的绘制。

使用 DataFrame 对象的 plot()函数生成图形时，默认将 DataFrame 对象的索引传给 Matplotlib 绘制 X 轴，DataFrame 对象中的各列数据作为 Y 轴分别绘制折线等图形。最后，使用 plt.show()函数显示折线图。

图 4-2 展示的是一个简洁版的图形，还可以设置 plot()函数中的各种参数来实现更多功能。plot()函数的常用参数如表 4-1 所示。

表 4-1　plot ()函数的常用参数

参数名称	描述
x	指定应用于 X 轴的行标签或位置，默认为 None，仅对 DataFrame 有效
y	指定应用于 Y 轴的列标签或位置，如果有多个，存放于 list 中，默认为 None，仅对 DataFrame 有效
kind	字符串，指定绘制的图形类型。 "line"：折线图（默认）。"density" 密度图。 "bar"：条形图。"area"：面积图。 "barth"：横向条形图。"pie"：饼图。 "hist"：直方图。"scatter"：散点图，需要指定 X 轴、Y 轴。 "box"：箱线图。"hexbin"：蜂巢图，需要指定 X 轴、Y 轴。 "kde"：密度图。

（续）

参数名称	描述
ax	指定绘制图形的 subplot 对象，默认为当前 subplot 对象，即 None
subplots	布尔型。是否针对不同列单独绘制子图，默认为 False
sharex	如果 ax 为 None，则默认为 True，否则为 False
sharey	布尔型。在 subplots=True 前提下，如果有子图，子图是否共享 Y 轴，默认为 False
figsize	元组型。(width,height)，指定画布尺寸大小，单位为英寸
user_index	布尔型。是否使用索引作为 X 轴数据，默认为 True
title	标题
grid	布尔型。是否显示网格，默认为 None
legend	布尔型。是否显示子图的图例，默认为 True
xticks	序列。设置 X 轴刻度值
yticks	序列。设置 Y 轴刻度值
xlim	数值（最小值）、列表或元组（区间范围）。设置 X 轴范围
ylim	数值（最小值）、列表或元组（区间范围）。设置 Y 轴范围
xlabel	设置 X 轴的名称。默认使用行索引名。仅支持 Pandas 1.1.0 及以上版本
ylabel	设置 Y 轴的名称。仅支持 Pandas 1.1.0 及以上版本
rot	int 型。设置轴刻度旋转角度，默认为 None
fontsize	int 型。设置轴刻度的字体大小
colormap	string 或 colormap 对象。设置图区域颜色
secondary_y	布尔型或序列。是否需要在次 Y 轴上绘制，或者在次 Y 轴上绘制哪些列
stacked	布尔型。是否创建堆积图。折线图和条形图默认为 False，面积图默认为 True

图 4-3 是通过设置 plot()函数中的相应参数得到的折线图（以 2020 年 9 月份为例，即前 22 条数据），分别设置了标题、X 轴名称、Y 轴名称、X 轴刻度的倾斜度、X 轴刻度值、字体大小，以及显示网格线。

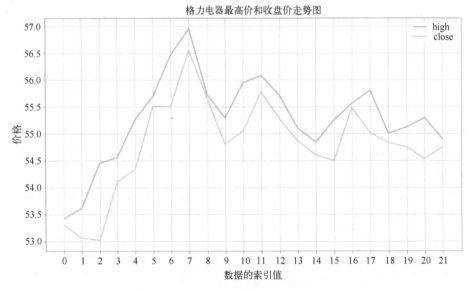

图 4-3　Pandas 实现的美化版股价走势图

实现代码如下所示。

```
import pandas as pd
import numpy as np
import matplotlib.pyplot as plt
plt.rcParams["font.sans-serif"]=["SimHei"]#支持中文
```

```
plt.rcParams["axes.unicode_minus"]=False#正常显示负号
#读取 CSV 文件
data = pd.read_csv("../data/格力电器.csv")
data = data[:22]#获取前 22 条数据
data[["high","close"]].plot(title="格力电器最高价和收盘价走势图",#标题
                            xlabel="数据的索引值",#X 轴名称
                            ylabel="价格",#Y 轴名称
                            rot=45,#X 轴刻度值倾斜度
                            xticks=np.arange(data.shape[0]),#X 轴刻度值
                            fontsize=15,#字体大小
                            grid=True#显示网格线
                            )
plt.show()#显示图形
```

图 4-3 能够较好地呈现出想要的折线图，但是仍然存在一个问题，那就是 X 轴的刻度值不应该展示没有意义的索引值，而应将股价对应的日期显示在 X 轴上，如图 4-4 所示。

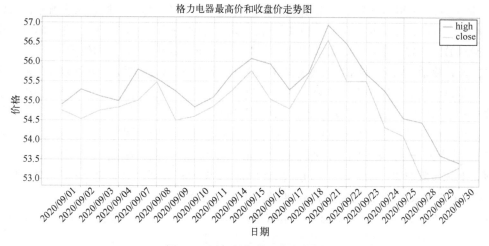

图 4-4　添加日期的股价走势图

实现代码如下所示。

```
import pandas as pd
import numpy as np
import matplotlib.pyplot as plt
plt.rcParams["font.sans-serif"]=["SimHei"]#支持中文
plt.rcParams["axes.unicode_minus"]=False#正常显示负号
#读取 CSV 文件
data = pd.read_csv("../data/格力电器.csv")

#1.将数值型日期转换为 YYYY/MM/DD 格式的字符串
date = data["trade_date"].astype(str)
year = date.str[0:4]#提取前 4 位，即年份
month= date.str[4:6]#提取月
day = date.str[6:8]#提取日
#合并日期，格式为 YYYY/MM/DD，再赋给 trade_date
data["trade_date"]= year+"/"+month+"/"+day
data = data[:22]#获取前 22 条数据

#2.按照 trade_date 由小到大排序
data.sort_values(by=['trade_date'],inplace=True)
```

```
#3.绘制折线图
data.plot(x="trade_date",
          y=["high","close"],
          title="格力电器最高价和收盘价走势图",#标题
          xlabel="日期",#X轴名称
          ylabel="价格",#Y轴名称
          rot=45,#X轴刻度值倾斜度
          xticks=np.arange(data.shape[0]),#X轴刻度值
          fontsize=15,#字体大小
          grid=True
          )
plt.show()
```

加粗部分为新增的实现显示日期功能的代码，主要分三步完成。

第一步，将数值型日期转换为 YYYY/MM/DD 格式的字符串。由于从数据集中得到的日期格式是 float 型，如 20200330.0，因此需要将其转换为 YYYY/MM/DD 格式的字符串。方法是先使用 astype(str)方法转换为字符串，再使用 str[:]切片形式分别获取年、月、日，再将其合并为 YYYY/MM/DD 格式的字符串。最后再将其更新到"trade_date"列对应的位置上。

第二步，将数据按照日期由小到大排序。由于折线图的 X 轴需要按照日期升序从左到右排列，因此需要将数据按照日期由小到大排序。这里使用的是 DataFrame 的 sort_values()函数，注意参数 inplace 要设为 True，即更改 data 原生数据的顺序。

第三步，绘制折线图。使用 DataFrame 的 plot()函数绘制折线图时，添加了 x 和 y 两个参数，X 轴就变为 trade_date 轴，分别绘制"high"和"close"的折线图。

根据上述步骤绘制 2020 年 9 月份收盘价与成交额的折线图，只要将 plot()函数中的参数 y 设置为["vol","close"]即可。执行后的结果图形如图 4-5 所示。

观察图 4-5 发现，收盘价（close）对应的线条为 close=0。这是收盘价与成交额的数值差异过大造成的，成交额的值都是几十万，而收盘价的值只有几十，它们共用同一个 Y 轴，而 Y 轴的取值范围按照最大值设置，值为四五十的收盘价与数十万的成交额相比，几乎可以忽略不计。

为了解决这个问题，需要对数值差异过大的两个特征值分开设置，即一条 Y 轴设置在左边（主 Y 轴），另一条 Y 轴设置在右边（次 Y 轴），如图 4-6 所示。

实现代码如下所示，加粗部分的功能为设置次 Y 轴的参数，即以成交额"vol"来确定次 Y 轴的取值，绘制成交额的折线图。

```
#3.绘制折线图
data.plot(x="trade_date",
          y=["vol","close"],
          title="格力电器交易额和收盘价走势图",#标题
          xlabel="日期",#X轴名称
          ylabel="价格",#Y轴名称
          rot=45,#X轴刻度值倾斜度
          xticks=np.arange(data.shape[0]),#X轴刻度值
          fontsize=15,#字体大小
          grid=True,
          secondary_y="vol"
          )
plt.show()
```

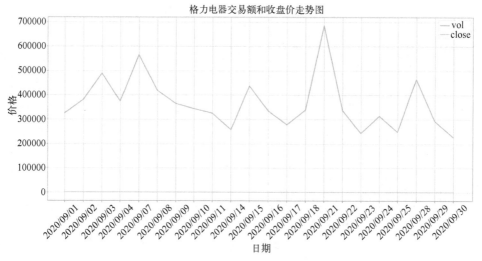

图 4-5　使用 plot() 方法绘制的股价走势图

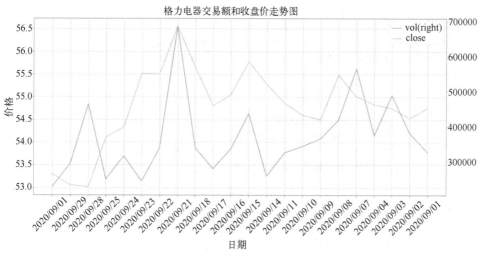

图 4-6　含主 Y 轴和次 Y 轴的股价走势图

任务 4.3　散点图：展现股价影响因素

　　投资者都期望能够从数据中找出影响股价的关键因素，例如有些投资者认为成交量和股价存在一定的关系，当成交量放大时，股价也会大幅度上升或下降；当成交量呈现一个较稳定的状态时，股价涨跌的幅度也不大。要洞察不同特征之间的相关性，可以使用散点图。

4-2
散点图：展现股价影响因素

　　图 4-7 展示了格力电器在 2018—2020 年间成交量与股价之间关系的散点图，其成交量基本在 20～70 万元之间。当股价极低（35 元附近）和极高（70 元附近）时，成交量确实很低，但反过来，当成交量极低的时候，并不一定意味着股价触底或者到顶了。另外，当成交量处于较高水平（12 万～15 万）时，股价也处于较高位。

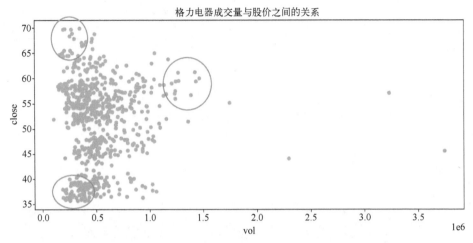

图 4-7　成交量与股价关系的散点图

使用 plot()函数绘制散点图，将 kind 参数设置为"scatter"即可，代码如下所示。

```
import pandas as pd
import matplotlib.pyplot as plt
plt.rcParams["font.sans-serif"]=["SimHei"]#支持中文
plt.rcParams["axes.unicode_minus"]=False#正常显示负号
#读取 CSV 文件
data = pd.read_csv("../data/格力电器.csv")
data.plot(x="vol",#X 轴数据
          y="close",#Y 轴数据
          kind="scatter",#显示散点图
          title="格力电器成交量与股价之间的关系", # 标题
          c="red"#设置圆点颜色为红色
          )
plt.show()
```

如果还想展示成交量、成交额、收盘价、涨跌额、涨跌幅之间关系的散点图，可以按照上面的方法分别绘制出散点图，再作为子图放到一个大的画布中。子图的实现形式与 Matplotlib 的子图实现形式是一样的。图 4-8 以子图展示了成交量与收盘价、成交额与收盘价、成交量与涨跌幅、成交额与涨跌幅之间关系的散点图。

实现子图的代码如下所示。

```
fig, axes = plt.subplots(2, 2)
data.plot(x="vol",
          y="close",
          kind="scatter",
          title="成交量与收盘价之间的关系",
          ax=axes[0,0])
data.plot(x='amount',
          y='close',
          kind="scatter",
          title="成交额与收盘价之间的关系",
          ax=axes[0,1])
data.plot(x="vol",
          y="pct_chg",
          kind="scatter",
```

```
        title="成交量与涨跌幅之间的关系",
        ax=axes[1,0])
data.plot(x='amount',
        y='pct_chg',
        kind="scatter",
        title="成交额与涨跌幅之间的关系",
        ax=axes[1,1])
plt.show()
```

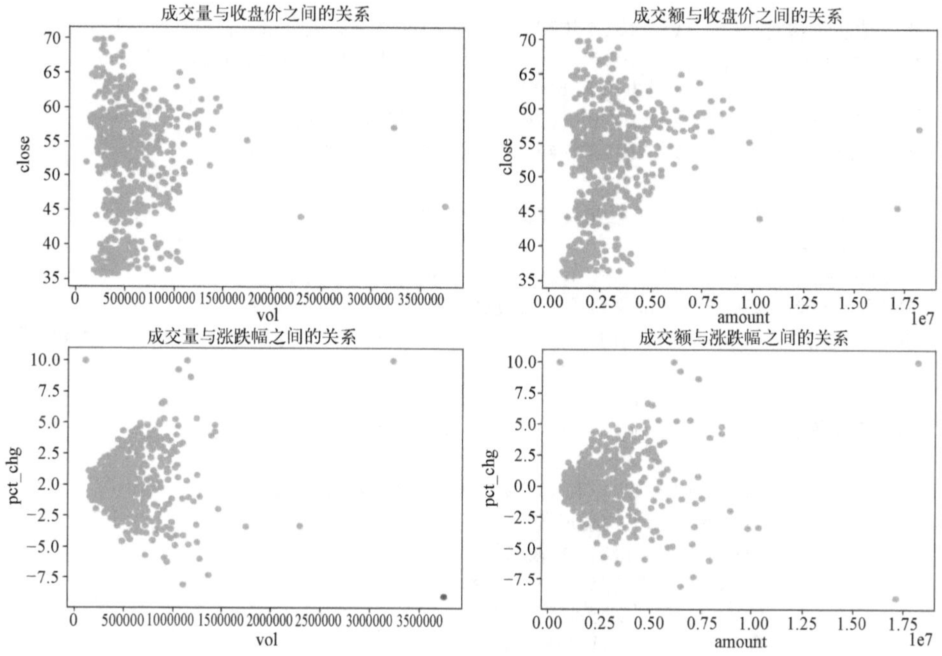

图 4-8　带子图的散点图

任务 4.4　条形图：展现同比成交量

　　有时投资者会通过比较每年中相同月份的股票交易情况，例如每月平均成交量、成交额，每月总的成交量、成交额等，找出趋势。条形图能很直观地展现数据的分布和比较关系。图 4-9 展示了 2018 年和 2019 年每月平均成交量条形图，相同月份中左边的条形表示 2018 年每月平均成交量，右边的条形表示 2019 年每月平均成交量。从整体来看，上半年的平均成交量高于下半年，而 2018 年每月成交量高于 2019 年。

4-3
条形图：展现
同比成交量

　　条形图的实现代码如下所示。

```
import pandas as pd
import numpy as np
import matplotlib.pyplot as plt
import datetime
plt.rcParams["font.sans-serif"]=["SimHei"]#支持中文
plt.rcParams["axes.unicode_minus"]=False#正常显示负号
#1.读取 CSV 文件
```

```
data = pd.read_csv("../data/格力电器.csv")

#2.提取年和月
date = data["trade_date"].astype(str)
year = date.str[0:4]#提取前4位，即年份
month= date.str[4:6]#提取月份
data["year"]= year#将年份插入到数据集中
data["month"]= month#将月份插入到数据集中

#3.按照年和月分组，获取2018年和2019年的每月平均成交量
group = data.groupby(by=["year","month"])#按照年和月分组
mean = group.mean()#获取所有字段的平均值
m_2018=mean["vol"]["2018"]#获取2018年每月平均成交量
m_2019=mean["vol"]["2019"]#获取2019年每月平均成交量

#4.将2018年和2019年每月平均成交量保存到DataFrame中
#设定索引名称
index = [str(n)+"月" for n in np.arange(1,13)]
#将2018年和2019年的成交量平均值数据存储于DataFrame中
data2 = pd.DataFrame(list(zip(m_2018, m_2019)),index=index,columns=["2018年",
"2019年"])

#5.绘制条形图
data2.plot(
         title="2018年和2019年每月平均成交量",#标题
         kind="bar",#条形图
         xlabel="月份",#X轴名称
         ylabel="成交量",#Y轴名称
         rot=0,#X轴刻度值倾斜度
         fontsize=15,#字体大小
         grid=True#显示网格
         )
plt.show()
```

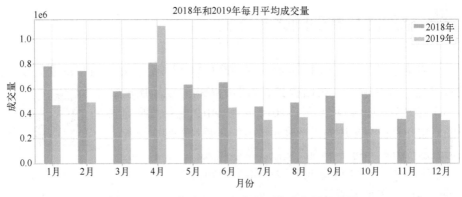

图4-9　2018年和2019年每月平均成交量条形图

由代码可知，绘制上述条形图主要分为四步。

第一步，读取CSV数据集。

第二步，从"trade_date"列中提取年和月。因为要计算出每年每月成交量的平均值，就必须按照年份和月份分组，因此要将年份和月份添加到数据集中。

第三步，按照年份和月份分组，获取2018年和2019年的每月平均成交量。使用

DataFrame 的 groupby()函数对年份和月份分组后,再使用 mean()函数实现按组求平均值。最后将 2018 年和 2019 年每月的成交量平均值存储于一个 DataFrame 数组对象 data2 中。

　　第四步,绘制条形图。DataFrame 数组对象 data2 直接调用 plot()函数实现条形图的绘制,X 轴默认显示索引值,Y 轴将 data2 中的所有数据通过条形图展示。

　　如果要将 2018 年和 2019 年相同月份的数据叠加起来,绘制堆叠条形图,显示效果如图 4-10 所示。

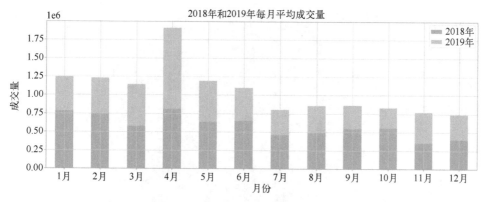

图 4-10　2018 年和 2019 年每月平均成交量的堆叠条形图

　　要绘制堆叠条形图,只须在 plot()函数中将参数 stacked 设置为 True 即可。如果要将图 4-9 和图 4-10 中的条形显示为横向条形图,只须将参数 kind 设置为 "barh" 即可。

任务 4.5　饼图:展现成交量占比关系

可以使用饼图来展示某年各月成交量占全年成交量的比例关系,效果如图 4-11 所示。
饼图的实现代码如下所示。

4-4
饼图:展现成
交量占比关系

```python
import pandas as pd
import matplotlib.pyplot as plt
plt.rcParams["font.sans-serif"]=["SimHei"]#支持中文
plt.rcParams["axes.unicode_minus"]=False#正常显示负号
#1.读取 CSV 文件
data = pd.read_csv("../data/格力电器.csv")

#2.提取年和月
date = data["trade_date"].astype(str)
year = date.str[0:4]#提取前 4 位,即年份
month= date.str[4:6]#提取月份
data["year"]= year#将年份插入到数据集中
data["month"]= month#将月份插入到数据集中

#3.按照年和月分组,获取 2018 年每月总成交量
group = data.groupby(by=["year","month"])#按照年和月分组
g_sum = group.sum()#获取所有字段的总和
s_2018=g_sum["vol"]["2018"]#获取 2018 年每月总成交量

#4.绘制饼图
```

```
s_2018.plot(title="2018 年每月成交量占比",#标题
            kind="pie",#显示饼图
            autopct="%1.1f%%",#百分比
            shadow=True)#阴影
plt.show()
```

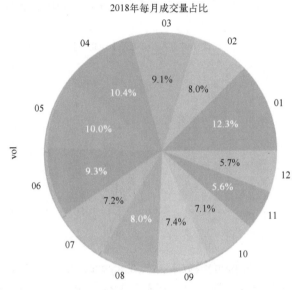

图 4-11　2018 年每月成交量饼图

任务 4.6 **K 线图：展现股价走势**

　　K 线图源于日本德川幕府时代，当时被日本米市的商人用来记录米市的行情与价格波动，后因其细腻独到的标画方式而被引入到股市及期货市场。

4-5
K 线图：展现
股价走势

　　股市及期货市场中的 K 线图包含四个数据，即开盘价、最高价、最低价、收盘价，反映价格信息和大致的趋势，如图 4-12 所示。每日的 K 线图就叫作日 K 线图，同样还有周 K 线图、月 K 线图。

　　当收盘价高于开盘价时，则开盘价在下，收盘价在上，两者之间的柱状用红色或空心绘出，称之为阳线，其上影线的最高点为最高价，下影线的最低点为最低价，如图 4-12a 所示。

　　当收盘价低于开盘价时，则开盘价在上，收盘价在下，两者之间的柱状用绿色或实心绘出，称之为阴线，其上影线的最高点为最高价，下影线的最低点为最低价，如图 4-12b 所示。

　　由于用这种方法绘制出来的图表形状颇似一根根蜡烛，加上这些"蜡烛"有黑白之分，因而 K

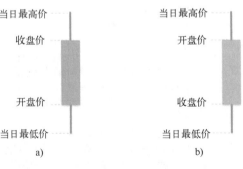

图 4-12　股票或期货市场的 K 线
a) 阳线（红色）　b) 阴线（绿色）

线图也叫阴阳线图表。通过 K 线图，投资者能够把每日或某一周期的市况表现完全记录下来，股价经过一段时间后，在图上即形成一种特殊区域或形态，投资者通过分析 K 线图不同的形态作出不同的投资决策。

图 4-13 展示了格力电器三个月的日 K 线图（来自东方财富网）。

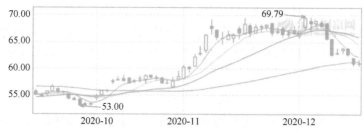

图 4-13　东方财富网中展示的格力电器三个月的日 K 线图

Matplotlib 2.0 之前的版本自带金融数据的可视化分析模块，能够很方便地画出 K 线图，但是在 Matplotlib 2.2.0 之后的版本就没有了。这里介绍一个金融数据可视化分析模块 mplfinance，它基于 Matplotlib 和 Pandas 开发，能够便捷地实现金融数据的可视化。

在命令行窗口中输入如下命令，执行 mplfinance 的下载和安装。

```
>>pip install mplfinance
```

执行完后显示如图 4-14 所示的消息，说明 mplfinance 已经成功安装。

图 4-14　mplfinance 安装成功

mplfinance 模块安装完后，下面就可以使用它生成 K 线图了。如图 4-15 所示，该 K 线图分为上下两部分，上半部分（主图）是日 K 线图，下半部分（次图）是成交量的条形图，与上半部分的 K 线图对应。

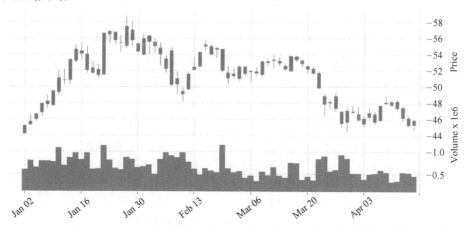

图 4-15　格力电器股票日 K 线图

绘制 K 线图主要分为以下六步。

第一步，导入 mplfinance 和 Pandas 模块。实现代码如下所示。

```
import mplfinance as mpf
import pandas as pd
```

第二步，读取格力电器的 CSV 文件。实现代码如下所示。

```
data=pd.read_csv('../data/格力电器.csv')
```

第三步，按照日期将数据由小到大排序。因为 K 线图的 X 轴表示的是日期，而日期应该是按由小到大的顺序自左往右排列展示的。这里使用 DataFrame 的 sort_values()函数实现将 data 按"trade_date"升序排列。实现代码如下所示。

```
data.sort_values(by=['trade_date'],inplace=True)
```

第四步，将日期"trade_date"设置为时间戳索引。由于 K 线图的 X 轴显示的是行索引值，因此需要将 data 的行索引设置为时间戳索引（pandas.DatetimeIndex），这样 X 轴就能显示对应的日期了。实现代码如下所示。

```
date = data["trade_date"].astype(str)

year = date.str[0:4]#获取年
month= date.str[4:6]#获取月
day = date.str[6:8]#获取日
data["trade_date"]= year+"/"+month+"/"+day#拼接年月日
#设置 data 的时间戳索引
data.index = pd.DatetimeIndex(data["trade_date"])
```

由代码可知，首先提取"trade_date"中的年、月、日，再将其拼接为"YYYY/MM/DD"格式的字符串，最后使用 pandas.DatetimeIndex()方法将日期字符串转化为时间戳索引，作为 data 的行索引。时间戳索引的内容如下所示。

```
DatetimeIndex(['2018-01-02', '2018-01-03', '2018-01-04', '2018-01-05',
               '2018-01-08', '2018-01-09', '2018-01-10', '2018-01-11',
               '2018-01-12', '2018-01-15',
               ...
               '2020-09-17', '2020-09-18', '2020-09-21', '2020-09-22',
               '2020-09-23', '2020-09-24', '2020-09-25', '2020-09-28',
               '2020-09-29', '2020-09-30'],
              dtype='datetime64[ns]', name='trade_date', length=664, freq=
None)
```

第五步，从 data 中提取出开盘价、收盘价、最高价、最低价以及成交量。使用 mplfinance 绘制 K 线图时，要求 data 中必须有开盘价、收盘价、最高价和最低价，且它们对应的列标签为"Open""Close""High""Low"。另外，如果要显示成交量的条形图，也可以将成交量加进来，且列标签为"Volume"。以下代码实现了从 data 中提取这五列数据并且将列标签改为符合规范的名称。

```
data=data[['open','close','high','low','vol']]#获取数据
data.columns=["Open","Close","High","Low","Volume"]#更改列标签名
```

第六步，绘制 K 线图，只要调用 mplfinance 模块的 plot()函数就可以实现。实现代码如下所示。

```
mpf.plot(data.head(70),#绘制图形的数据（选取前70条）
         type='candle',#设置图像类型：'ohlc'/'candle'/'line'/'renko'
         volume=True,#是否显示成交量
```

```
style='charles',#设置图表样式为"charles"
)
```

通过设置 mplfinance 模块的 plot()函数中的各种参数，可以定制自己专属的 K 线图格式，实现更强大的功能。plot()函数的常用参数如表 4-2 所示。

表 4-2　mplfinance 的 plot ()函数的常用参数

参数名称	描述
type	设置绘制的图像类型，有'ohlc'、'candle'、'line'、'renko'四种类型
volume	是否显示成交量，默认不显示
style	设置的图表样式，可以通过 mpf.available_styles()方法获取 mplfinance 提供的样式名称，有'binance'、'blueskies'、'brasil'、'charles'、'checkers'、'classic'、'default'、'mike'、'nightclouds'、'sas'、'starsandstripes'、'yahoo'。也可以自定义样式
title	设置标题
ylabel	设置主图 Y 轴标题
ylabel_lower	设置次图的 Y 轴标题
mav	设置均线，如 2 日均线，5 日均线，10 日均线等
savefig	保存图片

下面通过自定义图表样式来美化和优化 K 线图，最终的效果如图 4-16 所示。

相较于图 4-15，图 4-16 主要做了以下优化和美化处理。

1）增加了 2 日均线、5 日均线和 10 日均线。

2）增加了标题、主图 Y 轴标题和次图 Y 轴标题，并设置字体为黑体。

3）将网格线设置为虚线。

完整代码如下所示。

```
#1.导入 mplfinance 和 Pandas 模块
import mplfinance as mpf
import pandas as pd

#2.读取 CSV 文件
data=pd.read_csv('../data/格力电器.csv')

#3.按照 trade_date 由小到大排序
data.sort_values(by=['trade_date'],inplace=True)

#4.将日期"trade_date"设置为时间戳索引
date = data["trade_date"].astype(str)
year = date.str[0:4]#获取年
month= date.str[4:6]#获取月
day = date.str[6:8]#获取日
data["trade_date"]= year+"/"+month+"/"+day#拼接年月日
#设置 data 的时间戳索引
data.index = pd.DatetimeIndex(data["trade_date"])

#5.从 data 中提取出开盘价、收盘价、最高价、最低价以及成交量
data=data[['open','close','high','low','vol']] #获取数据
data.columns=["Open","Close","High","Low","Volume"]#更改列标签

#6.绘制 K 线图
# （1）设置图表样式
my_style = mpf.make_mpf_style(gridaxis='both',#设置网格线位置,both 双向
                    gridstyle='-.',#设置网格线线型
```

```
                    base_mpf_style='charles',
                    rc={'font.family': 'SimHei'})#设置字体为黑体
# (2) 绘制 K 线图
mpf.plot(data.head(70),
        type='candle',#设置图像类型'ohlc'/'candle'/'line/renko'
        mav=(2, 5, 10),#绘制 2 日均线、5 日均线和 10 日均线
        volume=True,#显示成交量
        style=my_style,#自定义图表样式
        title="格力电器 2018 年 K 线图",#设置标题
        ylabel="价格",#设置主图 Y 轴标题
        ylabel_lower="成交量"#设置次图 Y 轴标题
        )
```

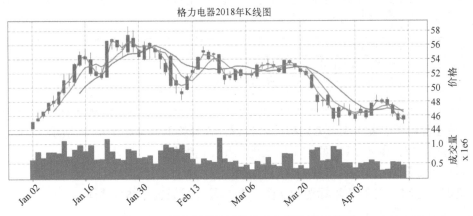

图 4-16　优化和美化后的格力电器股票 K 线图

由代码可知，前五步的实现都没有变化，在第六步绘制 K 线图时，新增了设置图表样式的功能。使用 mplfinance 的 make_mpf_style()函数来实现图表样式的设置，该函数的常用参数如表 4-3 所示。

图 4-16

表 4-3　mplfinance 的 make_mpf_style()函数的常用参数

参数名称	描述
base_mpf_style	使用 mplfinance 中的系统样式，可以在 make_marketcolors 方法中使用，也可以在 make_mpf_style 中使用
base_mpl_style	使用 matplotlib 中的系统样式，比如：base_mpl_style='seaborn'
marketcolors	使用自定义样式
mavcolors	设置 mav 均线颜色，必须使用列表传递参数
facecolor	设置前景色
edgecolor	设置边缘线颜色
figcolor	设置填充色
gridcolor	设置网格线颜色
gridaxis	设置网格线方向，'both'、'horizontal'、'vertical'
gridstyle	设置网格线线型，'-' [或'solid']、' - ' [或'dashed']、'-.'[或'dashdot']、': ' [或'dotted'] 、None
y_on_right	设置 Y 轴位置是否在右
rc	使用 rcParams 的 dict 设置样式，如果内容与上面自定义的设置相同，那么自定义设置覆盖 rcParams 设置

mplfinance 的 make_mpf_style()函数仅用于图表样式的预设置，但是要将设置的样式应用于 K 线图，就必须在 mpf.plot()函数中将该样式赋给参数 style。

另外，需要注意的是，我国与欧美国家对股票涨跌表现样式所使用的颜色是不一样的。在我国，红色表示喜庆、红火，所以使用红色表示股票上涨，绿色表示股票下跌，而欧美国家表

现样式则正好相反。目前，我国使用 mplfinance 生成的 K 线图是按照欧美国家的标准来设计的，即绿色 K 线表示上涨，红色表示下跌，如果要更改颜色，就需要使用 mplfinance 的 marketcolors()函数自定义图表颜色。

以下代码实现了自定义 K 线颜色的功能。

```
#6.绘制 K 线图
# (1) 设置 K 线颜色
my_color = mpf.make_marketcolors(up='red',#设置阳线柱填充颜色
                                 down='green',#设置阴线柱填充颜色
                                 edge='i',#设置蜡烛线边缘颜色
                                 wick='black',#设置蜡烛上下影线的颜色
                                 volume={'up':'red','down':'green'})
                                 #设置成交量颜

# (2) 设置图表样式
my_style = mpf.make_mpf_style(marketcolors=my_color,#自定义 K 线颜色
                              dgridaxis='both',#设置网格线位置, 'both'表示双向
                              dgridstyle='-.',#设置网格线线型
                              dbase_mpf_style='charles',
                              drc={'font.family': 'SimHei'})#设置字体为黑体
```

在第六步绘制 K 线图时，首先使用 mpf.make_marketcolors()函数自定义 K 线的各种颜色，该函数常用的参数如表 4-4 所示。

表 4-4　mplfinance 的 make_marketcolors ()函数的常用参数

参数名称	描述
up	字符串。设置阳线柱填充颜色
down	字符串。设置阴线柱填充颜色
edge	字符串。设置蜡烛线边缘颜色，如果设置为'i'，表示继承 K 线的颜色
wick	字符串。设置蜡烛上下影线的颜色
volume	字符串或字典。设置成交量颜色

使用 mpf.make_marketcolors()函数设置完 K 线颜色后，还需要将其传递给 mpf.make_mpf_style()函数的参数 marketcolors。运行程序，得到如图 4-17 所示的 K 线图。

图4-17

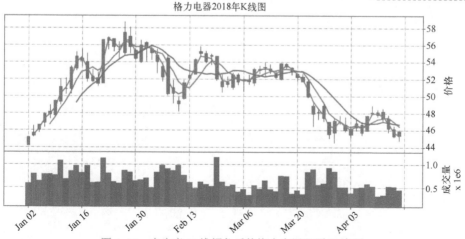

图 4-17　自定义 K 线颜色后的格力电器股票 K 线图

小结

本章使用 Pandas 的绘图方法对格力电器股票交易数据做了可视化处理。使用折线图展示了股价的走势；使用散点图展现了影响股价的因素；使用条形图比较了每年相同月份的股票成交量；使用饼图展现了一年中每月成交量在全年成交量中的占比；使用 K 线图展现了股价的走势。

课后习题

编程题

1. 现有一个关于某银行直销活动的数据集，要求使用 Pandas 的绘图方法完成以下数据可视化任务。

（1）计算数据集中不同教育程度人群的数量，并使用饼图展示占比情况。

（2）计算每个职业的平均存款余额，并使用条形图展示出来。

2. 从网易财经网中下载浦发银行股票交易数据，要求使用 Pandas 的绘图方法完成以下数据可视化任务。

（1）使用折线图展示浦发银行某一年的股价走势。

（2）使用条形图比较两年中相同月份的平均收盘价和成交量。

（3）使用 K 线图展示浦发银行一年的股价走势。

3. 现有一个记录一群人是否吃过 7 种奇怪食物的数据集，要求使用 Pandas 的绘图方法完成以下数据可视化任务。

（1）使用折线图展现年龄与吃过奇怪食物的数量之间的关系。

（2）使用条形图展示男性吃过奇怪食物数量与年龄的关系。

（3）使用饼图展示数据集中不同性别的占比关系。

下 篇

Power BI 数据分析与可视化

　　Power BI 是微软公司推出的一款交互式数据分析和可视化工具。它可以从各种数据源中读取数据，对数据进行整理与分析，生成精美的图表，最后发布到网页或 App 上，供用户直接查看和展示。

　　Power BI 包含桌面版（Power BI Desktop）、网页版和移动版。Power BI 桌面版是开发者的主要终端，开发人员通过桌面版将数据分析和可视化报表做好后，将其分发到网页或 App 上。

项目 5 空气质量状况分析

随着经济的发展和人民生活水平的提高，环境保护越来越受到大家的重视。气象站每天会监测和空气质量相关的各种指标数据，通过对这些数据进行整理、分析和可视化展示，不仅可以直观地展现空气状况走势，还能找出影响空气质量的直接原因，为治理环境提供科学依据。

任务 5.1 项目需求分析

【项目介绍】

在项目 1 和项目 2 中，分别使用 NumPy 和 Matplotlib 完成了对某地空气质量数据的处理、分析与可视化工作。本项目使用 Power BI Desktop 来完成空气质量数据的处理、分析与可视化工作。相较于项目 1 和项目 2 所使用的 NumPy 和 Matplotlib，本项目使用的 Power BI Desktop 的特点一是无须编码；二是报表实现了实时、动态交互，用户体验更好；三是报表可以发布到网页和 App，用户可以随时随地查看，使用更方便。本项目最终效果如图 5-1 所示。

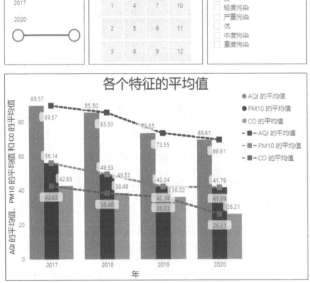
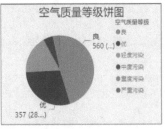

图 5-1　本项目最终效果

【项目流程】

本项目实现的流程如图 5-2 所示。

图 5-2 项目实现流程

环境搭建：首先介绍 Power BI 的特点及功能；然后完成 Power BI Desktop 的下载和安装；最后打开 Power BI Desktop 操作界面，介绍各个功能区。

数据处理：该部分主要完成导入 CSV 数据，删除无用的列，根据 AQI 指标添加"空气质量等级"列，再将年、月、日合并为一个日期列等。

数据分析和可视化：通过 Power BI Desktop 实现空气质量数据的折线图、条形图、饼图以及关键影响者图的设计与展示。

数据交互：Power BI 的一大亮点是具有动态交互功能，通过数据钻取、编辑交互、筛选器和切片器等各种方法，展现不同维度数据的可视化效果。

【项目目标】

与项目流程相对应，本项目的学习目标如下。

环境搭建：了解 Power BI 的组成部分和主要功能；能够从官网下载并安装 Power BI Desktop；熟悉操作界面的各个功能区。

数据处理：能够使用 Power BI Desktop 读取 CSV 和 Excel 格式文件的数据；能对数据执行基本的预处理，如删除行/列数据、添加新列、合并列、更改列名、排序等。

数据分析和可视化：能够使用 Power BI Desktop 的可视化对象，完成折线图、条形图、饼图以及关键影响者图，包括字段添加与设置、格式效果设置等。

数据交互：能够通过数据钻取功能，按照年、季度、月份、日等不同维度的日期，实时展示可视化效果；能够使用编辑交互、筛选器和切片器，实现数据筛选功能。

任务 5.2　环境搭建

5.2.1　Power BI 介绍

Power BI Desktop 的主要功能有以下几点。

● 数据提取。
● 数据处理。
● 数据展现。
● 报表发布。

5-1
环境搭建

图 5-3 是 Power BI Desktop 的主界面，它与 Excel 类似，熟悉 Excel 的用户能轻松上手 Power BI Desktop。

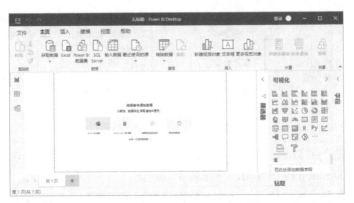

图 5-3　Power BI Desktop 主界面

5.2.2　Power BI Desktop 的下载和安装

Power BI Desktop 可以从微软官方网站下载，也可以直接在 Microsoft Store（微软应用商店）里面找到，它提供了免费的个人版本和付费的专业版本。

如果对即时性和安全性要求不高，使用个人版就足够了；对即时性和安全性要求较高的大型企业和大型电商等，则需要购买专业版。下载和安装 Power BI Desktop 分如下几个步骤。

图 5-4　微软 Power BI Desktop 下载页面

1）在微软 Power BI Desktop 下载页面中，单击"免费下载"按钮，如图 5-4 所示，按照提示打开 Microsoft Store。也可以直接打开 Microsoft Store，搜索"Power BI Desktop"。

2）单击"获取"按钮，获取此应用，如图 5-6 所示。

图 5-5　获取应用

3）获取该应用后，单击"安装"按钮，就进入到下载界面，系统会自动下载并安装，如图 5-6 和图 5-7 所示。

如果还未登录 Microsoft Store，在下载之前会提示先登录，如图 5-8 所示。输入用户名和密码后，即可进入图 5-7 所示的登录界面。

4）首次启动 Power BI Desktop 时，会显示欢迎界面，可以通过下载示例、观看培训视频对 Power BI Desktop 有一个整体的认识，如图 5-9 所示。

图 5-6　单击"安装"按钮

图 5-7　正在下载 Power BI Desktop 的界面

图 5-8　登录界面

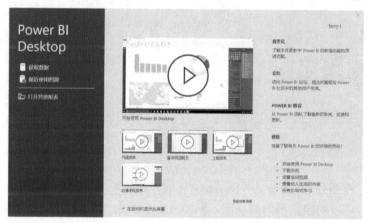

图 5-9　欢迎界面

5）关闭欢迎界面后，就进入到 Power BI Desktop 的操作界面了，如图 5-10 所示。

图 5-10　Power BI Desktop 操作界面

5.2.3 Power BI Desktop 操作界面介绍

打开 Power BI Desktop，默认会进入"报表"视图，在该视图中可以创建颇具吸引力的可视化效果并可分享给他人。90%的报表设计工作都是在此视图中完成的，如图 5-11 所示。

"报表"视图主要分为三大区域。

1）功能区：位于顶部，它与报表和可视化效果相关。

2）画布区：位于左侧，可在其中创建和排列可视化效果。

3）视图和字段操作区：位于画布区的右侧，可以添加折线图等可视化效果到画布中，并完成字段添加、数据筛选、格式设置等工作。

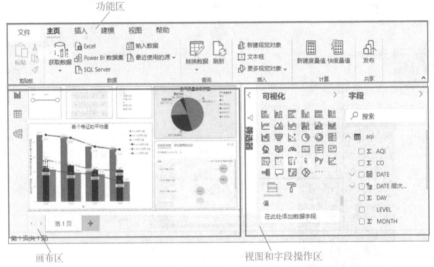

图 5-11 "报表"视图

除了"报表"视图外，Power BI Desktop 还有"数据"视图和"模型"视图，单击画布区左侧的视图图标，可以切换到不同的视图。图 5-12 所示为"数据"视图。"数据"视图展示了所有加载的数据集，对数据的查看和检查就是在此视图中进行的。

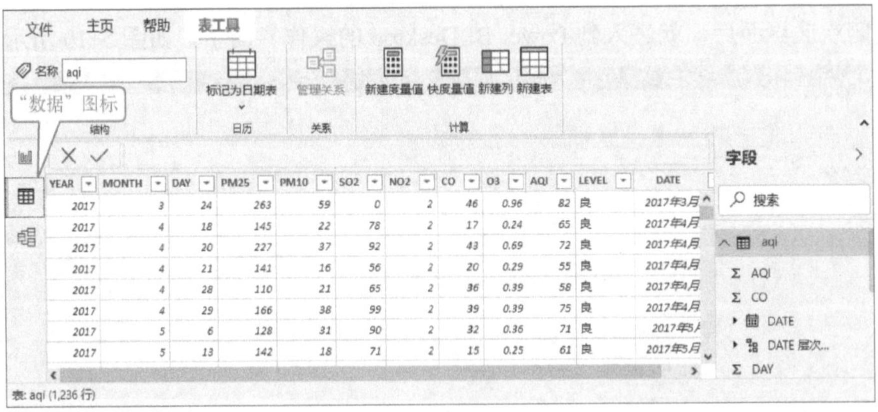

图 5-12 "数据"视图

单击左侧的"模型"图标，进入 "模型"视图，如图 5-13 所示。"模型"视图的主要功能是获取已在数据模型中建立关系的图形表示，并根据需要进行管理和修改，例如设置多张表之间的关系。

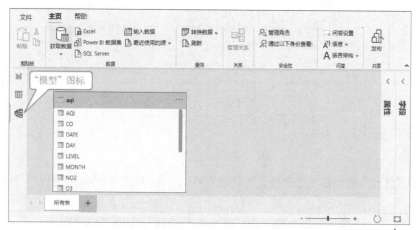

图 5-13　"模型"视图

另外，Power BI Desktop 还附带了 Power Query 编辑器，它承载着数据加载和清洗的职责。使用 Power Query 编辑器可连接一个或多个数据源，将数据经过一系列的调整、转换清洗等处理后，再交给 Power BI Desktop 进行数据的分析和可视化，如图 5-14 所示。

图 5-14　Power Query 编辑器

任务 5.3　数据预处理

数据预处理是指对数据进行导入、清洗、分类和整理等。Power BI Desktop 中的 Power Query 编辑器（即数据查询模块）正是用于实现这些功能的。

5.3.1　导入数据

5-2
数据预处理

Power BI Desktop 几乎可以读取所能见到的所有类型的数据格式，如关系型数据库（SQL Server、Oracle、MySQL、DB2 等）、Excel、XML、Web 页面、Data 摘要、Hadoop 的 HDFS 等。

本项目使用的数据文件格式是 CSV，在 Power BI Desktop 的"主页"选项卡中单击"获取数据"按钮，在弹出的下拉列表中选择"文本/CSV"加载 CSV 文件，如图 5-15 所示。

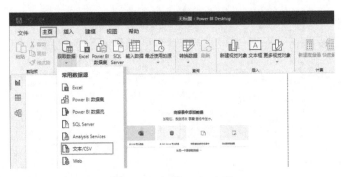

图 5-15　加载 CSV 文件

　　在弹出的"打开"对话框中选择需要加载的 CSV 文件，单击右下角的"打开"按钮，如图 5-16 所示。

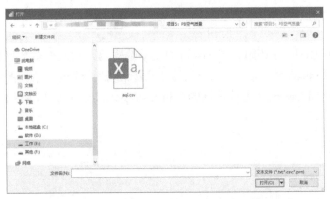

图 5-16　选择加载的 CSV 文件

　　选取对应的 CSV 文件后，会切换到数据预览界面，如图 5-17 所示。由于还需要对刚加载进来的数据进行处理，因此需要单击右下角的"转换数据"按钮，进入 Power Query 编辑器界面，如图 5-18 所示。

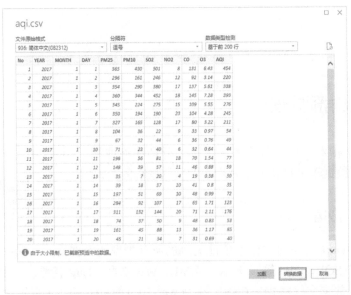

图 5-17　数据预览界面

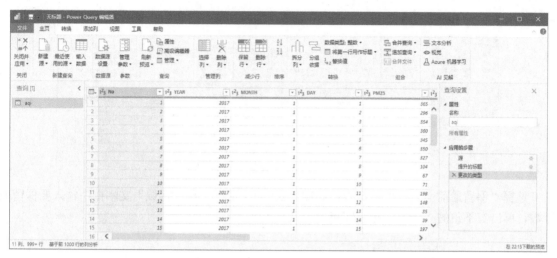

图 5-18　Power Query 编辑器界面

数据加载完后，就可以在 Power Query 编辑器中对数据进行各种处理了。

5.3.2　筛选数据

观察图 5-18 中的数据发现，第 1 列"No"是编号，可以删除。在 Power Query 编辑器的"主页"选项卡中单击"删除列"按钮，选择"删除列"即可删除选中的列，如图 5-19 所示。

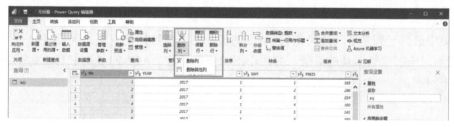

图 5-19　删除选中的列

也可以将鼠标移到要删除列的列名处，单击鼠标右键，在弹出的快捷菜单中选择"删除"命令，删除该列，如图 5-20 所示。

图 5-20　通过快捷菜单删除列

如果要按行对数据进行筛选，可以使用"保留行"和"删除行"这两项功能。例如只保留前 100 条数据，可以单击"保留行"按钮，在弹出的下拉列表中选择"保留最前面几行",如图 5-21 所示。

图 5-21 保留行

选择"保留最前面几行"后,弹出如图 5-22 的对话框,在"行数"文本框中输入要保留的行数,单击右下角的"确定"按钮即可。

图 5-22 输入要保留的行数

"删除行"与"保留行"相反,操作方法与"保留行"类似,读者可以自行操作实践一下。

5.3.3 添加列

数据集中最后一列是空气质量指数 AQI 的值,为了使数据更直观,现要添加一列,用于记录 AQI 值所对应的空气质量的等级,并用不同的颜色标注。AQI 的值与空气质量等级之间的关系如表 5-1 所示。

表 5-1 AQI 的值与空气质量等级的对应关系

AQI 的值	空气质量等级	颜色表示
0~50	优	绿色
51~100	良	黄色
101~150	轻度污染	橙色
151~200	中度污染	红色
201~300	重度污染	紫色
>300	严重污染	褐红色

下面添加一个"等级"列并设置对应的等级值。在 Power Query 编辑器的"添加列"选项卡中,单击"条件列"按钮,如图 5-23 所示。

图 5-23 "添加列"选项卡

单击"条件列"按钮后,弹出"添加条件列"对话框,在"新列名"文本框中输入新列

名 "LEVEL"，按照表 5-1 中 AQI 的值与空气质量等级的关系，设置 if-Else if 条件表达式，如图 5-24 所示。单击左下角的 "添加子句" 按钮，可以添加更多 Else if 分支。

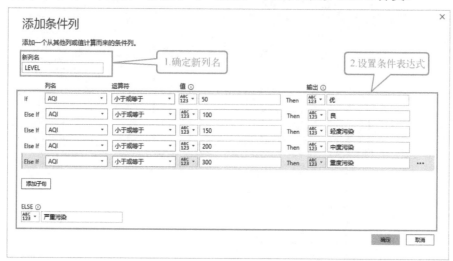

图 5-24　设置条件表达式

条件表达式设置完后，单击右下角的 "确定" 按钮，新列 "LEVEL" 作为最后一列就添加到表中了，如图 5-25 所示。

	NO2	CO	O3	AQI	LEVEL
1	501	8	131	6.43	454 严重污染
2	246	12	92	3.14	220 重度污染
3	380	17	137	5.61	338 严重污染
4	452	18	145	7.28	393 严重污染
5	275	15	109	5.55	276 重度污染
6	190	23	104	4.28	245 重度污染
7	128	17	80	3.22	211 重度污染
8	22	9	33	0.97	54 良
9	44	6	36	0.76	49 优
10	40	6	32	0.64	44 优
11	81	18	70	1.54	77 良
12	57	11	46	0.88	59 良
13	20	4	19	0.79	26 优
14	37	10	41	0.8	35 优
15	69	10	48	0.99	72 良

图 5-25　新列成功添加到表

5.3.4　合并列

在上述数据集中，日期是按照年、月、日三列分开存储的。有时需要以日期作为序列进行数据的分析和展示，这时可以使用 Power Query 编辑器的合并列功能将年、月、日三列合并为一列。具体操作步骤如下所示。

1）按住〈Ctrl〉键，单击列名，从左往右依次选中数据表中的 "YEAR" "MONTH" "DAY" 三列（注意，选中的顺序一定不能错），在 Power Query 编辑器的 "添加列" 选项卡中，单击 "合并列" 按钮，如图 5-26 所示。

2）单击 "合并列" 按钮后，弹出如图 5-27 所示的 "合并列" 对话框，在 "分隔符" 下拉列表框中选择分隔符为 "自定义"，在文本框中输入斜线 "/" 作为年、月、日的分隔符，在 "新列名（可选）" 文本框中输入 "DATE"，最后单击右下角的 "确定" 按钮，如图 5-28 所示。

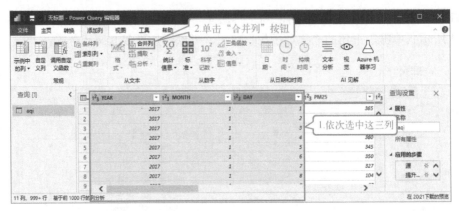

图 5-26　合并年、月、日到新列

图 5-27　"合并列"对话框

图 5-28　设置合并方式

3）查看数据表，列"DATE"已经添加到了表的最后，但是，该列数据的类型是字符串，还需要将其转换为日期类型。单击字段名"DATE"左侧的图标，在弹出的"DATE"面板中选择"日期"选项，如图 5-29 所示。

图 5-29　将字符串转换为日期类型

最后得到的日期列“DATE”如图 5-30 所示。

	O	1.2 O3	1²3 AQI	ABC 123 level	DATE
1	131	6.43	454	严重污染	2017/1/1
2	92	3.14	220	重度污染	2017/1/2
3	137	5.61	338	严重污染	2017/1/3
4	145	7.28	393	严重污染	2017/1/4
5	109	5.55	276	重度污染	2017/1/5
6	104	4.28	245	重度污染	2017/1/6
7	80	3.22	211	重度污染	2017/1/7
8	33	0.97	54	良	2017/1/8
9	36	0.76	49	优	2017/1/9
10	32	0.64	44	优	2017/1/10
11					

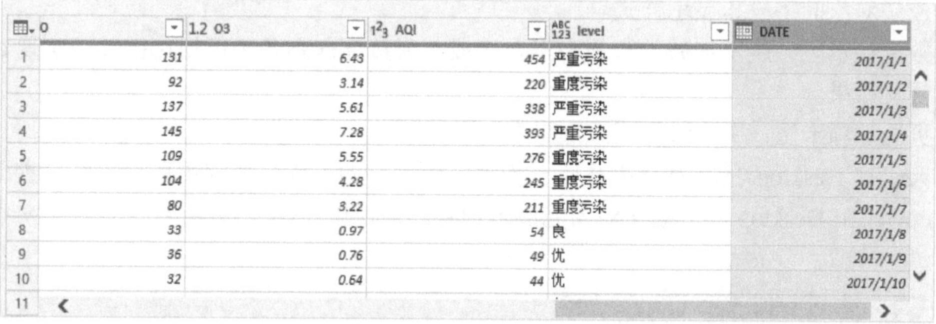

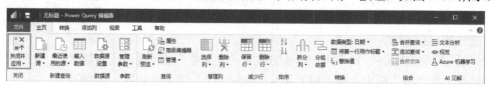

图 5-30　转换后的日期列

数据预处理完毕后，单击“主页”选项卡中的“关闭并应用”按钮，如图 5-31 所示。

图 5-31　单击“关闭并应用”按钮

任务 5.4　数据分析和可视化

一份好的数据分析报告要求数据可视化报表简洁明了并具有强烈的视觉冲击效果，Power BI Desktop 可以满足上述要求。

在 5.2.3 节中读者已经了解了“报表”视图，下面就来学习该视图的功能。“报表”视图分为 6 个区域，如图 5-32 所示。

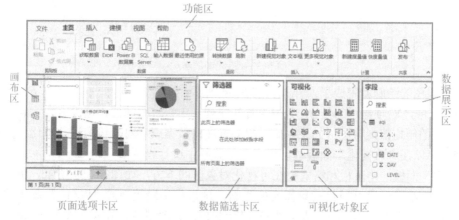

图 5-32　“报表”视图的 6 大区域

- 功能区：显示与报表和可视化效果相关联的常见功能。
- 画布区：创建和排列可视化效果的区域。
- 数据筛选区：设置各种筛选条件，实时展示筛选后的数据的可视化报表。

- 可视化对象区：提供丰富的官方自带或第三方的可视化控件对象，可以轻松设置可视化控件对象的字段和显示样式。
- 数据展示区：展示加载的数据表以及字段，直接拖入到各种可视化控件中实现数据的可视化效果。
- 页面选项卡区：用于选择或添加报表页面。

Power BI Desktop 的可视化操作十分便捷，大部分的工作只要使用鼠标进行拖拽即可。下面使用 Power BI Desktop 的可视化对象完成本项目的可视化设计工作。

5.4.1 折线图：空气质量走势

如果想要按照时间序列展示空气质量的走势，折线图是首选方案。使用 Power BI Desktop 绘制一个折线图的具体步骤如下。

5-3
折线图：空气质量走势

1）添加折线图对象。在可视化对象区中单击折线图图标，将折线图对象添加到画布中。

2）设置折线图对应的 X 轴和 Y 轴的数据。方法是将数据展示区中的字段"YEAR"拖到折线图字段栏的"轴"框中，将字段"AQI"拖到"值"框中，如图 5-33 所示。

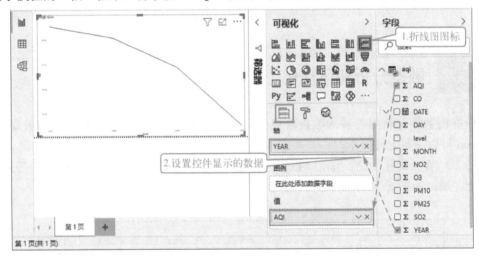

图 5-33　折线图的实现

一个折线图的绘制就完成了，样式如图 5-34 所示。

图 5-34 中，Y 轴显示的是 AQI 按照时间序列（年）**求和**的值，这没有太大意义，实际需要的是 AQI 的年**均值**走势图。如果要展示更多维度的数据或者对折线图进行美化，又如何实现呢？这些都可以在"可视化"面板的字段栏和格式栏中进行设置。

"可视化"面板的字段栏和格式栏在可视化对象区的下方，如图 5-35a 所示。单击字段栏图标 ▤，在字段栏中设置可视化对象需要的数据，这里将字段"CO""PM10"拖（或勾选）到"值"框，再在各个字段的下拉列表中选择"平均值"，如图 5-35 所示，这样 Y 轴展示的就是按年计算得到的 AQI 的平均值。

单击格式图标 ，在格式栏中可以设置折线图控件的样式，从常规的位置、大小，到图例、X 轴、Y 轴、数据颜色、形状、背景等，涵盖了控件的每个细节，如图 5-36 所示。

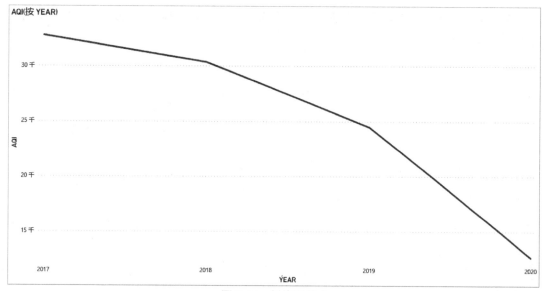

图 5-34　折线图样式

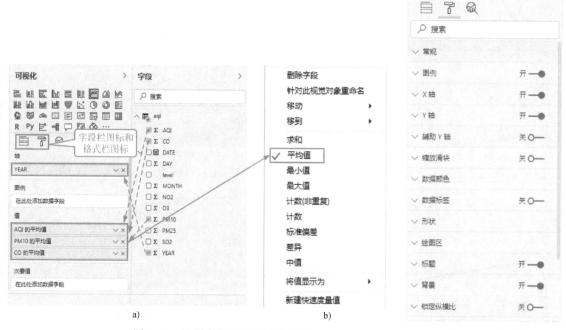

a)　　　　　　　　　　　　　　b)

图 5-35　设置字段和字段统计方法　　　　　图 5-36　格式栏

　　对折线图的标题、图例、数据标签和形状进行样式设置，具体设置内容如图 5-37 所示，任何的更改都会及时地体现到图表中，所以用户理解起来比较容易。

　　数据字段和样式设置完后，得到如图 5-38 所示的折线图。

5.4.2　数据钻取

5-4
数据钻取

　　前面以年为单位展示了 AQI、PM10 和 CO 这三个特征的平均值的折线图。如果想对空气质量数据进行更加细粒度的分析，比如想进一步查看 2017 年每个季度、每个月甚至每天的 AQI 的平均值，该如何实现呢？ Power BI Desktop 提供的数据钻取功能，可以轻松实现。

图 5-37　在格式栏中设置控件样式

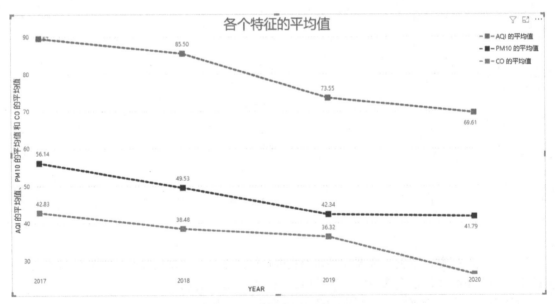

图 5-38　美化后的折线图

　　当图表设置了多个轴或多层维度时，就可以在图表上直接向下钻取，展示下一层级的数据。最常见的层级结构是日期数据，只要具体的日期数据层次结构足够详细如从年度、季度、月份到日期，甚至到小时、分钟和秒，就能实现数据钻取。

　　首先将折线图的"轴"框中原有的"YEAR"列去除，将 5.3.4 节中向表中添加的

"DATE"列拖进来,Power BI Desktop 会自动划分日期层次结构,即年—季度—月份—日,如图 5-39 所示。

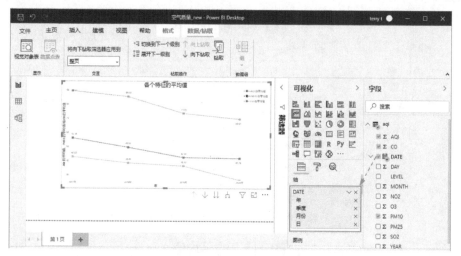

图 5-39 将"DATE"列拖到"轴"中

下面使用数据钻取功能,按不同层级显示不同的数据图表。在"数据/钻取"选项卡中或者在折线图的右上角,如图 5-40 所示,用户可以完成数据钻取相关操作。

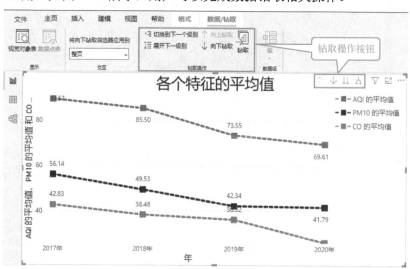

图 5-40 数据钻取功能

在"钻取操作"组中,"切换到下一个级别"表示切换水平轴以显示层次结构中的下一个级别。在本项目中单击该按钮会按照年—季度—月份—日 4 个层次来显示。当以"年"为单位时,单击"切换到下一个级别"按钮,则会切换到以"季度"为单位的图表,如图 5-41 所示,如果继续单击"切换到下一个级别" 按钮,则会切换到以"月份"为单位的图表,依次向下钻取。

这里要特别注意的是,图 5-41 显示的是各个特征在 2017—2020 年间同一季度 4 个季度值的平均值。例如季度 1 的 AQI 均值(89.18)的计算方法是(2017 年季度 1 的 AQI 值+2018 年季度 1 的 AQI 值+2019 年季度 1 的 AQI 值+2020 年季度 1 的 AQI 值)/4。

在"钻取操作"组中,"展开下一级别"表示展开水平轴以同时显示层次结构中的当前级别和下一级别。当以"年"为单位时，单击"展开下一级别"按钮，则会显示"年+季度"级别的图表，如图 5-42 所示。

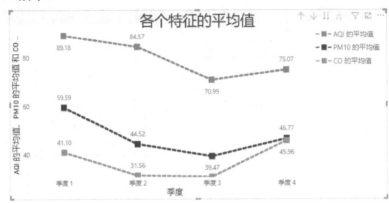

图 5-41 以"季度"为单位的图表

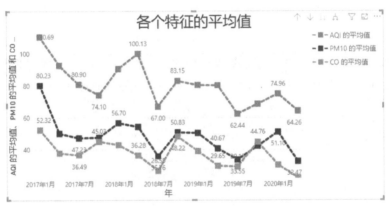

图 5-42 "年+季度"级别的图表

在"钻取操作"组中，"向下钻取"是针对某个数据点向下钻取一个级别。单击"向下钻取"按钮，如果按钮处于被选中状态，说明"深化模式"已激活，此时可以单击某个数据点进行深化，如图 5-43 所示。

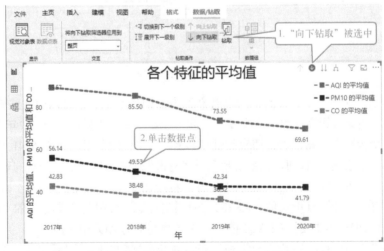

图 5-43 实现"向下钻取"的功能

当以"年"为单位时，单击 2018 年的某个数据点，则会切换到展示 2018 年每个季度数值的图表，如图 5-44 所示。

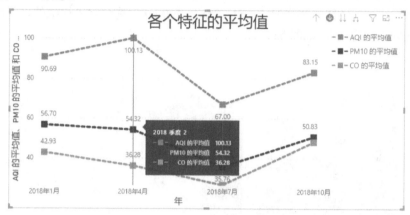

图 5-44　展示 2018 年每个季度数值的图表

5.4.3　条形图：空气质量走势比较

条形图（或柱状图）也是常见的数据统计和可视化模块，因此 Power BI Desktop 提供了 8 种形式各异的条形图可视化对象供用户选择。如果想将折线图转换为条形图，只须通过鼠标简单操作即可。选中折线图，然后单击可视化对象区中的簇状条形图图标，就完成可视化对象的转换，如图 5-45 所示。

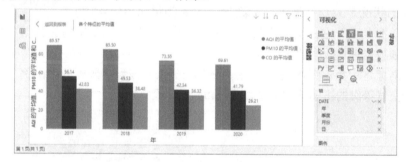

图 5-45　将折线图转换为簇状条形图

如果想切换成簇状条形图，只须单击对应的可视化对象图标即可，如图 5-46 所示。

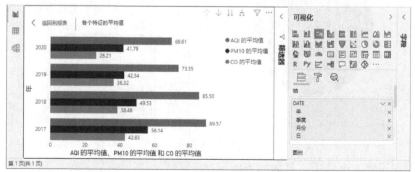

图 5-46　将折线图转换为簇状条形图

Power BI Desktop 还提供了一种折线和簇状条形图,顾名思义,就是在一张图表中展示折线和簇状条形两种形式的图形。当将图形切换到折线和簇状条形图后,默认只展示簇状条形图,要想展示折线图,还需要将字段"AQI""CO""PM10"拖到字段栏中的"行值"框中,并将统计方法改为"平均值",如图 5-47 所示。

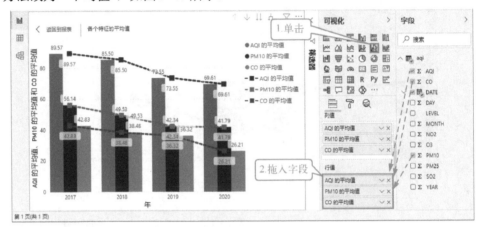

图 5-47 折线和簇状条形图

如果想进一步改善这些图表的"形象",可以在格式栏中进行相应的更改,这里不再赘述。另外,以上所有的图表也都是支持数据钻取的,读者可以试试。

5.4.4 饼图:空气质量优良占比

空气质量的状况是大众持续关心的话题,大家都想知道一年中
空气质量为优的有几天?它占全年天数的百分比又是多少?饼图是常用的数据分析图表之一,它用于观察各项数据占总数据的比例。

在可视化对象区中单击饼图图标,将字段"LEVEL"拖到字段栏的"图例"框和"值"框中,一个关于空气等级的饼图就完成了,如图 5-48 所示。

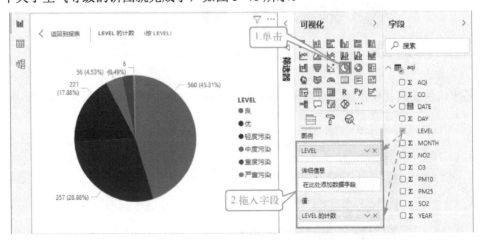

图 5-48 饼图的实现

可以为饼图设置 4 个选项,具体如下所示。

1)图例:设置图例的字段。例如将字段"LEVEL"拖入,图例显示每个等级的内容。

2）详细信息：设置每个扇形的详细信息。例如将字段"YEAR"拖入后，每个等级的扇形会进一步按照年划分。

3）值：用作数据统计的字段。例如将字段"LEVEL"拖入后，会统计每个等级的数量。

4）工具提示：设置鼠标移动到扇形时显示的提示信息。例如将字段"AQI"拖入，并设置 AQI 的统计方式为"平均值"，鼠标移动到饼图某个扇形区域，在工具提示框中显示 "AQI 的平均值"的提示信息。

按照以上方法设置 4 个选项后，得到的效果如图 5-49 所示。

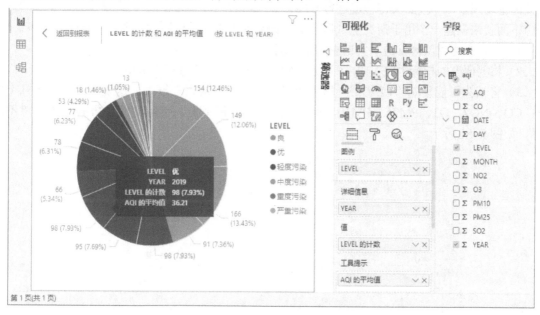

图 5-49　设置 4 个选项后的饼图

如果对饼图所展现的样式不满意，可以在格式栏中加以修改。另外，饼图默认是按照比例的降序排序的，如果想按照升序排序，可以单击饼图右上角的"…"图标，在弹出菜单中选择所需的排序方式。图 5-50 展示了更改图例、详细信息、标题、背景、边框和阴影等样式以及排序规则后的饼图。

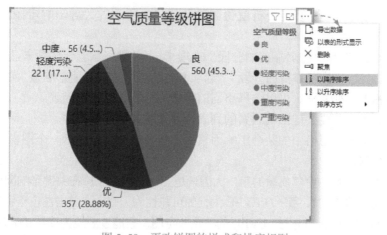

图 5-50　更改饼图的样式和排序规则

5.4.5 关键影响者图：影响 AQI 的因素

数据表中哪些指标是影响空气质量的关键因素呢？PM2.5、CO 还是 NO₂？弄清楚这个问题很重要，因为人们可以以此为依据精准定位，制定相应措施，从而更有效地治理环境，改善空气质量。

5-7
关键影响者图：
影响 AQI 的因素

2019 年，Power BI 重磅推出了第一款 AI 黑科技图表——关键影响者视觉对象（又叫关键影响者图）。它通过 AI 对数据进行智能分析，帮助用户快速找出结果的关键驱动因素，并按照关键程度进行排序。

下面就来创建一个用于研究空气质量的关键驱动因素的关键影响者图，具体步骤如下。

1）在可视化对象区单击"关键影响者"图标。

2）将要研究的指标"LEVEL"字段拖入到字段栏中的"分析"框中。

3）将认为可能影响"LEVEL"的字段拖入到"解释依据"框中。这里拖入了以下几个字段：CO、NO2、O3、PM25、PM10、SO2。注意，将每个拖入字段的统计方式设置为"不汇总"，如图 5-51 所示。

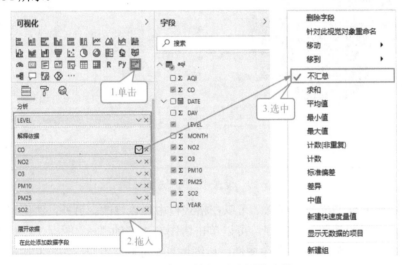

图 5-51　实现关键影响者图的步骤

数据设置完成后，经过智能分析就得到如图 5-52 所示的关键影响者图。该图表的各区域如下。

1）"关键影响者"和"排名靠前的分段"选项卡。"关键影响者"选项卡显示对所选指标值影响最大的一些因素。"排名靠前的分段" 选项卡显示对所选指标值影响最大的一些区段。

2）分析指标下拉列表框。可以选择不同的等级来分析关键影响因素。

3）左窗格。显示首要关键影响因素的列表，并按照关键程度排序。

4）右窗格。单击左窗格中的某个影响因素后，右窗格中就会显示一个图表，用于解释作为关键影响因素的依据。

由图 5-52 可知，影响空气质量的第一大因素是 SO₂，因为它排在关键影响因素的第一位，其描述是：如果 SO₂ 下降 59.27，那么 LEVEL 为优的可能性为无穷大。单击左窗格中该选项的"无穷大"圆圈，右窗格就会展示 SO₂ 与 LEVEL 的关系散点图，它能直观地为该结论提供数据支撑。

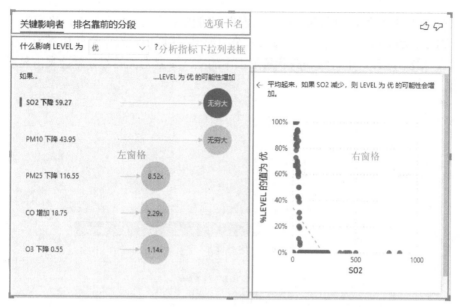

图 5-52　关键影响者图

还可以在"排名靠前的分段"选项卡中查看组合因素如何影响分析指标。单击"排名靠前的分段"选项卡，如图 5-53 所示，这是一个对所有区段的概述。共找到了 4 个区段，这些区段是按区段内 LEVEL 为优的比例进行排序的。例如，"分段 1"中空气质量为优的百分比为 100.0%，气泡越高，优的比例就越高，气泡越大，区段内的数据量就越大。

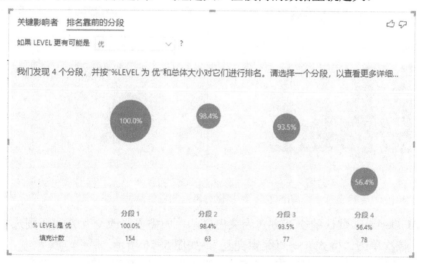

图 5-53　"排名靠前的分段"选项卡

单击某个气泡可了解该分段的详细信息，如图 5-54 所示。例如，选择分段 1，发现它是由 PM10（≤34）、PM25（≤84）和 SO2（≤33）组成的。这个分段中，100%的空气质量等级为优，这比平均值（28.9%）高出约 71%。

5.4.6　编辑交互

5-8
编辑交互

前面几节通过折线图、条形图以及饼图实现了数据的可视化效果，这些图表之间并不是封闭和独立的，它们之间可以通过更改数据的不同维度实现交互，这是 Power BI Desktop 的一大亮点。在图 5-55b 所示的饼图中，选中空气质量为"优"的扇形（突出显示），则图 5-55a 中折线和簇状条形图中的空气质量为优的部分就会突出显示（即高亮显示）。

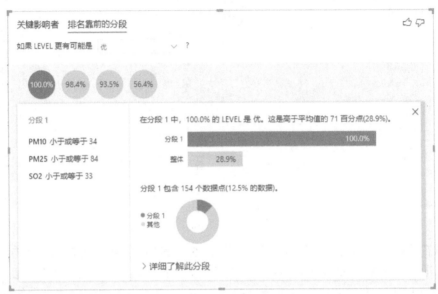

图 5-54　查看某分段的详细信息

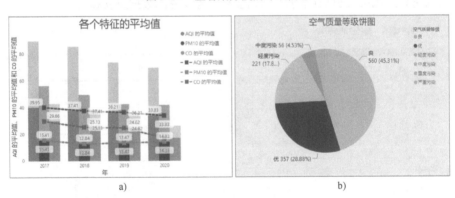

图 5-55　可视化对象之间进行交互

Power BI Desktop 默认的交互方式为突出显示，如需要更改交互方式，则选中如图 5-55b 所示的饼图，依次单击"格式"→"编辑交互"，如图 5-56 所示。

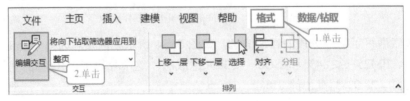

图 5-56　设置交互方式

这时会发现折线和簇状条形图的右上方会出现"筛选""突出显示"和"无"三个按钮，如图 5-57 所示。

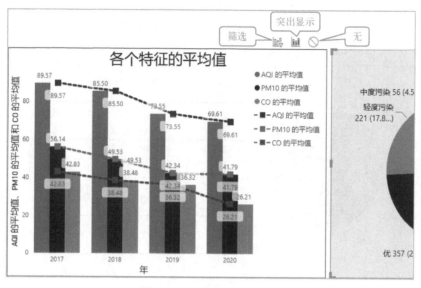

图 5-57 三种交互方式按钮

"筛选"按钮的作用是当选中饼图某个部分，如区块为"优"的扇形，该折线和簇状条形图只显示空气质量为"优"的数据展示图，效果如图 5-58 所示；"突出显示"按钮是 Power BI Desktop 默认的交互方式，在保持原有显示模式前提下，高亮显示对应的字段数据，效果如图 5-55 所示；"无"按钮的作用是取消交互显示的效果，保持图的原样不变化。

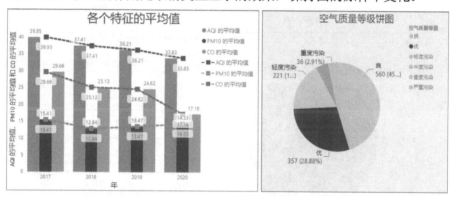

图 5-58 "筛选"交互方式的效果图

5.4.7 筛选器

在数据分析报表中，经常需要按照不同维度对数据进行分析，Power BI Desktop 提供了强大的筛选器实现对数据的筛选功能。筛选器位于 Power BI Desktop 界面右侧的数据筛选区，如图 5-32 所示。按照筛选器作用范围的不同，分为视觉级筛选器、页面级筛选器和报告级筛选器。

5-9
筛选器

视觉级筛选器作用于报表页面上的单个视觉对象，需要选中某个视觉对象对其进行设置。以饼图为例，当选中饼图对象时，筛选器就会显示当前视觉对象上设置的筛选内容，如图 5-59 所示。

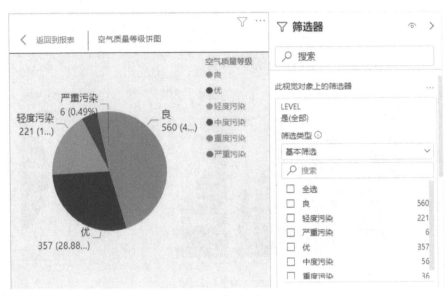

图 5-59　视觉级筛选器

如果只想比较"优""良"和"轻度污染"这三个数据，可以将"筛选类型"设置为"基本筛选"（默认），仅勾选这三种类型即可，如图 5-60 所示。"基本筛选"常用于选择某个维度数据中的几项。

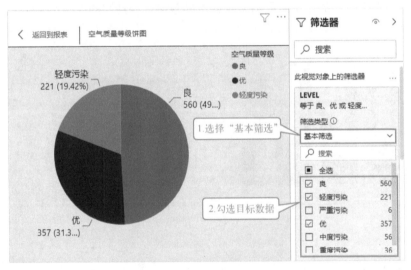

图 5-60　使用"基本筛选"选择部分选项

如果需要将空气质量等级按天数排序，并且只展示前 3 名的等级饼图，可以将"筛选类型"设置为"前 N 个"，在"显示项目"中选择"上"并在文本框中输入数值"3"，表示显示前 3 名的等级。然后将字段"LEVEL"拖入到"按值"框中，并将其统计方式更改为"计数"。最后单击"应用筛选器"按钮完成筛选，如图 5-61 所示。"前 N 个"用于对某个数据指标的前 N 项进行筛选。

如需清除筛选条件，只要单击"清除筛选器"按钮即可。如果想隐藏筛选器，单击"隐藏筛选器"按钮即可，如图 5-62 所示。

如果想进行更加细致的筛选，可以选择"筛选类型"中的"高级筛选"。

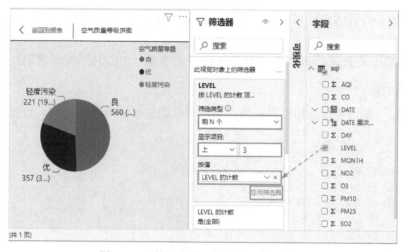

图 5-61　"筛选类型"设置为"前 N 个"

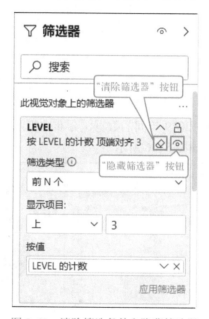

图 5-62　清除筛选条件和隐藏筛选器

　　页面级筛选器作用于该报表页面中所有的视觉对象，使用方式与视觉级筛选器一样。报告级筛选器的作用范围则更广，它作用于报表文件中的所有页面。两者的作用范围如图 5-63 所示。

图 5-63　页面级筛选器与报告级筛选器的作用范围

5.4.8　切片器

　　在 Power BI Desktop 中，经常会用到切片器这个视觉对象来实现数

据的筛选。相较于普通的筛选器，切片器可以将数据直观地展示在报表中供用户自由选择，与报表进行实时交互。

首先在可视化对象区单击"切片器"按钮，将字段"YEAR"拖到字段栏的"字段"框中，如图 5-64 所示。

这是一个用于筛选年份的切片器，通过滑块可以调整年份的取值范围，如图 5-65 所示。

图 5-64　加入切片器视觉对象　　　　　　图 5-65　调整年份的取值范围

例如通过切片器选择 2018—2019 年间的数据，画布中折线和簇状条形图以及饼图会实时切换为 2018—2019 年间的图形，如图 5-66 所示。

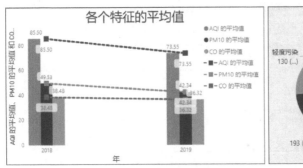

图 5-66　使用切片器筛选后的效果

在 Power BI Desktop 中，切片器有多种筛选方式，通过单击切片器右上角的小箭头进行切片器筛选方式的切换，有"列表"、"下拉"、"介于"（默认）、"小于或等于"以及"大于或等于"5 种筛选方式可供选择，如图 5-65 所示。

当选择"列表"时，数据以列表形式展示；当选择"下拉"时，数据以下拉列表形式展示；当选择"介于"时，切片器会显示一条滑块，可以使用滑块来选择任意范围的数据；当选择"小于或等于"时，左侧的下限值滑块消失，只能调整上限值；当选择"大于或等于"时，则右侧的上限值滑块消失，只可以调整下限值，如图 5-67 所示。注意，选择"列表"或"下拉"时，无法实现多选，只能选择单个或全不选（不做筛选）。

切片器作为一个视觉对象，可以进行格式设置，使其更符合用户使用习惯，外观也更加美观。设置方法跟其他视觉对象一样：选中切片器对象，单击格式栏图标 🎨，根据实际需求对其格式进行设置，如图 5-68 所示。在"常规"项中，将"方向"设置为"水平"（只在"列表"和"下拉"中有），在"边框"项中，将边框显示设置为"开"，就会得到如图 5-69 所示的切片器。

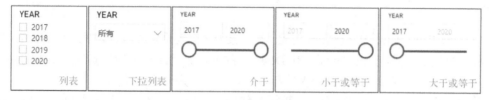

图 5-67　切片器的 5 种筛选方式

图 5-68　设置切片器的格式

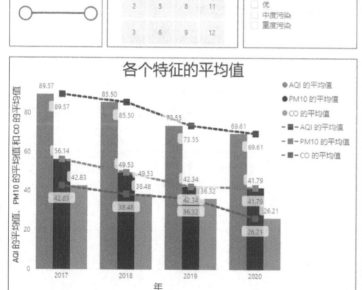

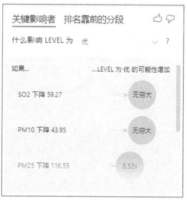

图 5-69　设置格式后的切片器

小结

本项目通过使用 Power BI Desktop 完成了针对某地区空气质量数据的数据处理和可视化报告。

在数据预处理阶段，通过 Power BI Desktop 的 Power Query 编辑器实现了数据的导入、数据的删除、空气质量等级列的添加以及将年、月、日合并为一列等功能。

在数据分析和可视化处理阶段，实现了折线图、簇状条形图、折线和簇状条形图、饼图以及关键影响者图的可视化设计与展示；通过数据钻取功能，实现了年—季度—月份—日的数据下钻；通过编辑交互、筛选器以及切片器，实现了数据的筛选和动态交互。

课后习题

操作题

现有某地住房信息的数据集，请使用 Power BI Desktop 完成数据的预处理、分析和可视化。

（1）加载该 CSV 数据集，删除无用的列（如 id）。

（2）将 data 列中的数据转换为日期格式（即将 20141013T000000 转换为 20141013）。

（3）使用折线图展示房屋价格的走势，并使用数据钻取和切片器展示不同时间维度的折线图。

（4）创建一个用于研究房屋价格关键驱动因素的关键影响者图，并说明影响房屋价格的主要特征是哪些。

（5）使用条形图展示不同地区平均房价的条形图。不同地区根据邮政编码（zipcode）来区分。

（6）使用饼图展示数据集中不同地区房屋数量的占比关系。

项目 6 　企业财务报表数据分析

一个优秀的企业财务报表，可以让人及时了解企业经营业绩和经营情况的变化，为企业的经营者提供经营决策依据，为投资者提供投资决策依据。

任务 6.1 　项目需求分析

【项目介绍】

本项目使用 Power BI Desktop 完成某企业财务数据的处理、分析与可视化工作。需要两个数据源，一个是股票交易数据，另一个是上市公司财务数据。前者是用于绘制公司股票交易 K 线图的数据源，后者是用于绘制上市公司财务报表的数据源。可视化报表分为两页，第 1 页展示财务报表，如图 6-1 所示，第 2 页展示股票 K 线图，如图 6-2 所示。

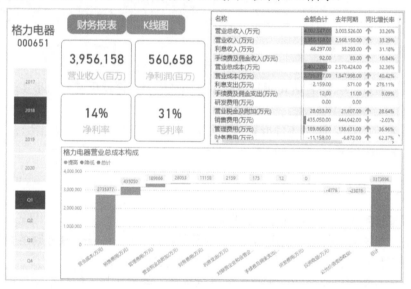

图 6-1　第 1 页财务报表

【项目流程】

本项目的实现流程如图 6-3 所示。

数据获取：介绍数据获取的两种方式，一种是通过 Python 财经数据接口包获取数据，另一种是从主流财经网站中获取数据。

数据预处理：主要完成导入 CSV 数据，删除不需要的列，将缺失值设置为 0，将数据进行逆透视处理，再将字符串型数据转换为日期型。

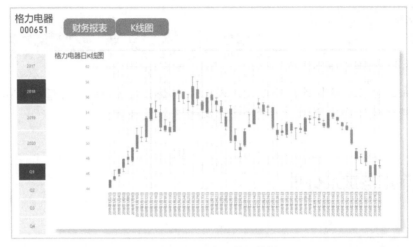

图 6-2　第 2 页股票 K 线图

图 6-3　本项目实现流程

数据建模：通过 DAX 表达式新建名称和日期维度表，再使用它们与事实表建立关系，完成数据的建模。

数据分析和可视化：首先通过度量值计算可视化要用到的一些关键指标，然后通过卡片图、矩阵图、瀑布图以及 K 线图完成数据可视化。

【项目目标】

与项目流程相对应，本项目的学习目标如下。

数据获取：能够编写程序，调用 Python 财经数据接口包 tushare 获取财务报表数据；能够从新浪财经网或者网易财经网中下载上市公司财务报表文件。

数据预处理：能够提取 CSV、Excel 文件的数据；能完成基本的数据预处理工作，如删除行列数据、处理缺失值、进行逆透视处理等。

数据建模：能够使用 DAX 表达式新建项目名称表和日期表，并建立数据表之间的联系。

数据分析和可视化：能够使用 Power BI Desktop 的可视化对象，完成卡片图、矩阵图、瀑布图以及 K 线图的可视化，包括字段添加与设置、格式效果设置等。

任务 6.2　数据获取

获取上市公司财务数据主要有两种方式。

（1）调取财经数据接口

在项目 3 中通过 Python 财经数据接口包 tushare 获取股票交易数据。tushare 也提供上市公司的财务数据，但是需要在该服务中有较高的积分才可以调取。在校学生和高校老师通过提交个人和单位信息可以申请免费支持。

（2）从主流财经网站中获取

主流财经网站中都会提供上市公司的财务数据，可以通过爬虫爬取数据或者直接下载数据。图 6-4 是新浪财经网中展示的格力电器的利润报表，图 6-5 是网易财经网中展示的格力电器的利润报表，它们都提供数据下载服务。

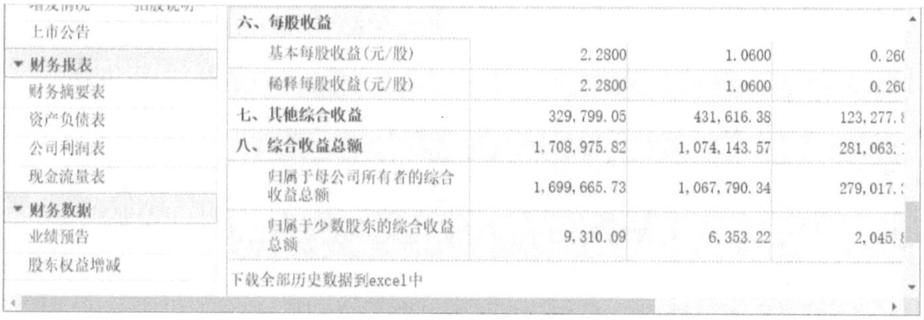

图 6-4　新浪财经网中展示的格力电器利润表

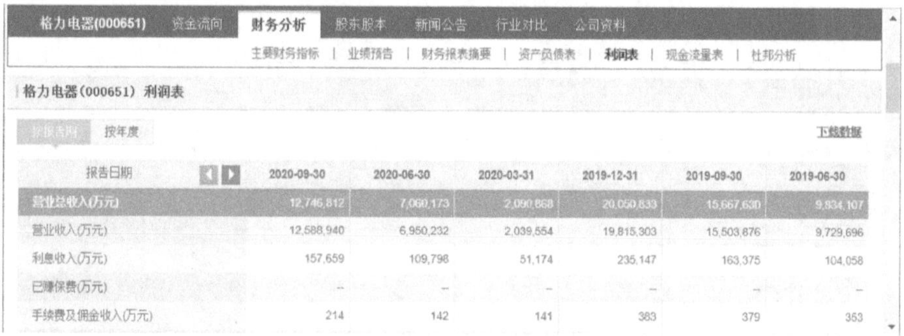

图 6-5　网易财经网中展示的格力电器利润表

本项目需要获取两种类型的数据，一是格力电器股票交易数据，二是格力电器利润报表数据。股票交易数据可以使用项目 3 中的方法从 tushare 中获取，在此不做赘述；利润报表数据可以从网易财经网中下载，具体下载步骤如下。

1）访问网易财经网首页，网址为 https://money.163.com/，在搜索栏中输入"格力电器"，单击"搜索"按钮，如图 6-6 所示，进入格力电器股票页面。

图 6-6　在网易财经网搜索

2）在格力电器股票页面中，单击"财务分析"选项卡中的"利润表"链接，如图 6-7 所示，进入利润表页面。

3）在利润表页面中，单击 "下载数据" 链接，下载利润表数据文件，如图 6-8 所示。

4）文件下载完后，得到名为"lrb000651.csv"的 Excel 文件，将文件名更改为"格力电器利润表.csv"。打开文件，第一列展示的是项目名称，第二列之后便是每个季度的报表数据，如图 6-9 所示。

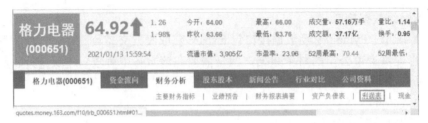

图 6-7　格力电器"财务分析"选项卡

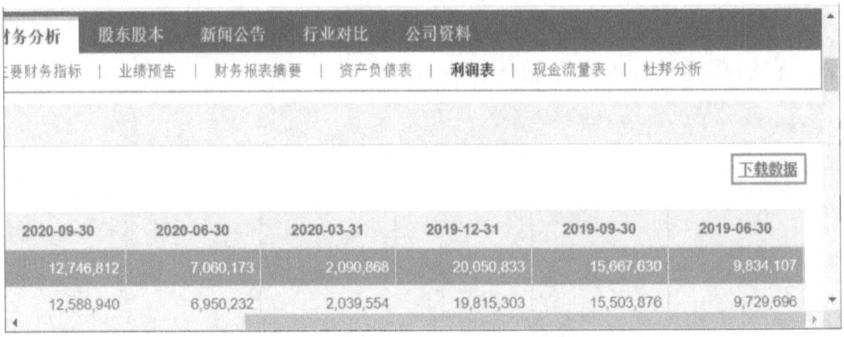

图 6-8　格力电器利润表页面

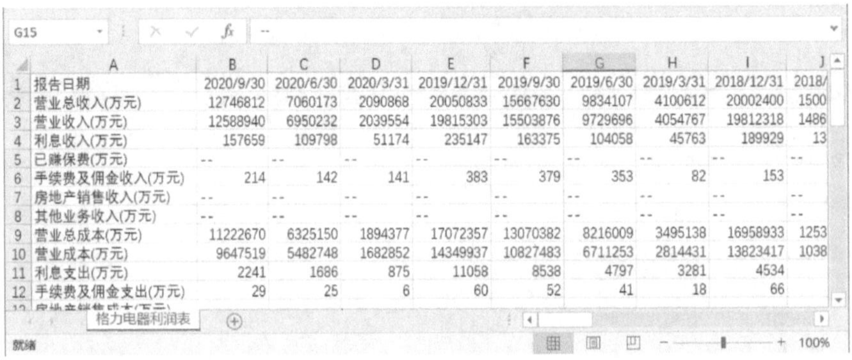

报告日期	2020/9/30	2020/6/30	2020/3/31	2019/12/31	2019/9/30	2019/6/30	2019/3/31	2018/12/31	2018/
营业总收入(万元)	12746812	7060173	2090868	20050833	15667630	9834107	4100612	20002400	1500
营业收入(万元)	12588940	6950232	2039554	19815303	15503876	9729696	4054767	19812318	1486
利息收入(万元)	157659	109798	51174	235147	163375	104058	45763	189929	13
已赚保费(万元)	--	--	--	--	--	--	--	--	
手续费及佣金收入(万元)	214	142	141	383	379	353	82	153	
房地产销售收入(万元)	--	--	--	--	--	--	--	--	
其他业务收入(万元)	--	--	--	--	--	--	--	--	
营业总成本(万元)	11222670	6325150	1894377	17072357	13070382	8216009	3495138	16958933	1253
营业成本(万元)	9647519	5482748	1682852	14349937	10827483	6711253	2814431	13823417	1038
利息支出(万元)	2241	1686	875	11058	8538	4797	3281	4534	
手续费及佣金支出(万元)	29	25	6	60	52	41	18	66	

图 6-9　下载得到的利润表文件

获取到股票交易数据和利润报表数据后,下面就可以对这些数据进行处理了。

任务 6.3　数据预处理

6.3.1　导入数据

首先通过 Power BI Desktop 导入"格力电器利润表.csv"文件,然后对数据进行处理,具体步骤如下。

6-2
数据预处理

1)在 Power BI Desktop 的"主页"选项卡中单击"获取数据"项,在弹出下拉列表中选择"文本/CSV"加载 CSV 文件,如图 6-10 所示。

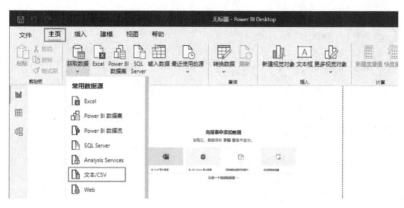

图 6-10 加载 CSV 文件

2）在弹出的"打开"对话框中选择需要加载的 CSV 文件，这里选择"格力电器利润表.csv"，单击右下角的"打开"按钮，如图 6-11 所示。

图 6-11 打开要加载的文件

3）选取对应的 CSV 文件后，会切换到数据预览界面，如图 6-12 所示。由于还需要对刚加载进来的数据进行处理，因此需要单击右下角的"转换数据"按钮，就进入 Power Query 编辑器界面，如图 6-13 所示。

图 6-12 数据预览界面

图 6-13　Power Query 编辑器界面

6.3.2　删除数据

为简单起见，本项目只保留 2016 年之后的报表数据。选中 2016 年及其之前的列，在选中列的任意列名上单击右键，在弹出的快捷菜单中选择"删除列"命令，这样 2016 年及其之前的所有数据就被删除掉了，如图 6-14 所示。

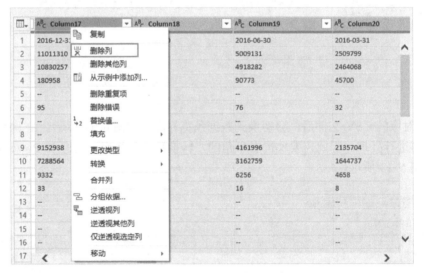

图 6-14　删除 2016 年及其之前的数据

6.3.3　处理缺失值

从数据表中可以发现存在大量带"--"的值，这些值都是缺失值，需要将其删除。单击第 2 列"Columns2"右侧的下拉按钮，在弹出的对话框中，将"--"设置为未勾选状态，如图 6-15 所示。

这时绝大部分缺失值对应的行都被过滤掉了，但是在"研发费用（万元）"行中还存在少量缺失值，这些值可以使用 0 来替换。选中所有列的数据，在任意列名上单击右键，在弹出的快捷菜单中选择"替换值…"命令,如图 6-16 所示。

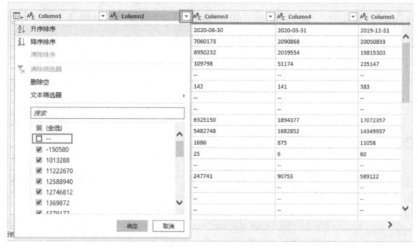

图 6-15 缺失值删除处理

图 6-16 缺失值替换处理

在弹出的"替换值"对话框中,将要查找的值"--"替换为"0",单击"确认"按钮,完成缺失值的替换,如图 6-17 所示。

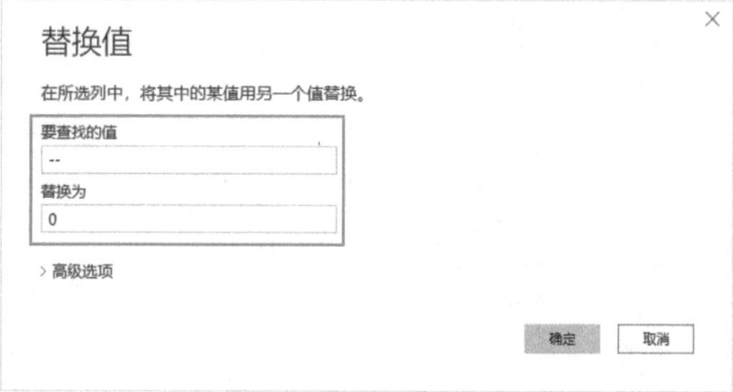

图 6-17 "替换值"对话框

6.3.4　逆透视数据表

格力电器利润表是一个二维结构表，即报表数据是在项目和日期这两个维度下确定的。为便于对数据进行分析和展示，需要将其转换为一维表，即项目和日期都在同一个维度。具体操作步骤如下。

1）将第一行设置为标题。方法是在"主页"选项卡中，单击"将第一行用作标题"按钮，如图 6-18 所示。

图 6-18　设置第一行为标题行

2）选中第一列"报告日期"，单击右键，在弹出的快捷菜单中，选择"逆透视其他列"命令，如图 6-19 所示。

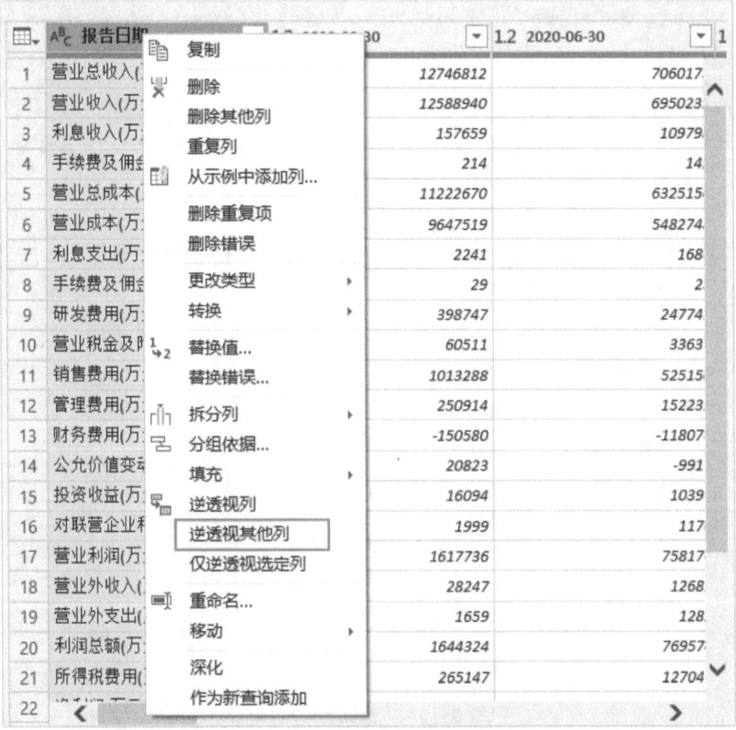

图 6-19　选择"逆透视其他列"命令

3）逆透视之后的表如图 6-20 所示。“逆透视其他列”是指将选中的列（即“报告日期”）以外的其他列合并成一列；即将列转换为行，然后将“报告日期”列的值扩展成多个重复值与合并后的新列产生对应关系，便于后续的分析和计算。

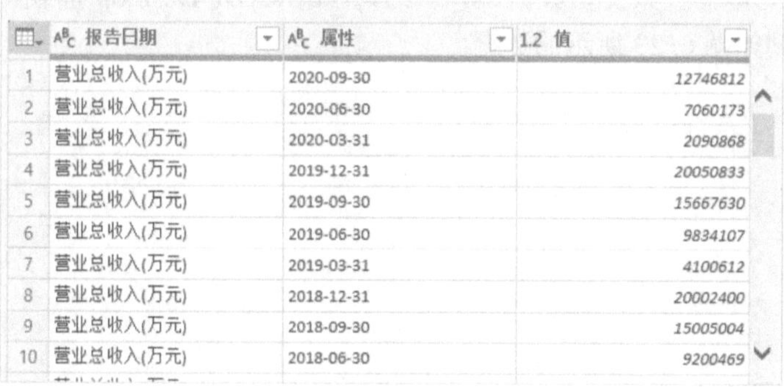

	报告日期	属性	值
1	营业总收入(万元)	2020-09-30	12746812
2	营业总收入(万元)	2020-06-30	7060173
3	营业总收入(万元)	2020-03-31	2090868
4	营业总收入(万元)	2019-12-31	20050833
5	营业总收入(万元)	2019-09-30	15667630
6	营业总收入(万元)	2019-06-30	9834107
7	营业总收入(万元)	2019-03-31	4100612
8	营业总收入(万元)	2018-12-31	20002400
9	营业总收入(万元)	2018-09-30	15005004
10	营业总收入(万元)	2018-06-30	9200469

图 6-20 逆透视后的表

4）双击列名，将“报表日期”重命名为“项目”，“属性”重命名为“日期”，“值”重命名为“金额”，如图 6-21 所示。

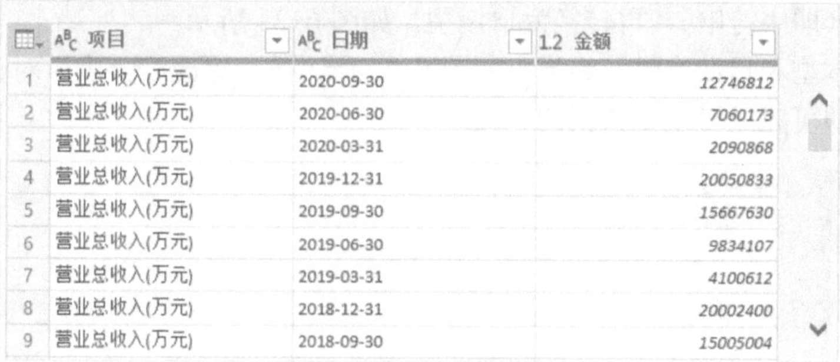

	项目	日期	金额
1	营业总收入(万元)	2020-09-30	12746812
2	营业总收入(万元)	2020-06-30	7060173
3	营业总收入(万元)	2020-03-31	2090868
4	营业总收入(万元)	2019-12-31	20050833
5	营业总收入(万元)	2019-09-30	15667630
6	营业总收入(万元)	2019-06-30	9834107
7	营业总收入(万元)	2019-03-31	4100612
8	营业总收入(万元)	2018-12-31	20002400
9	营业总收入(万元)	2018-09-30	15005004

图 6-21 对列重命名

6.3.5 转换数据

字段“日期”的数据是字符串类型，需要将其转换为日期型。单击列名“日期”左侧的图标 ABC ，在弹出的“DATE”面板中选择“日期”，将字符串转换为日期类型，如图 6-22 所示。

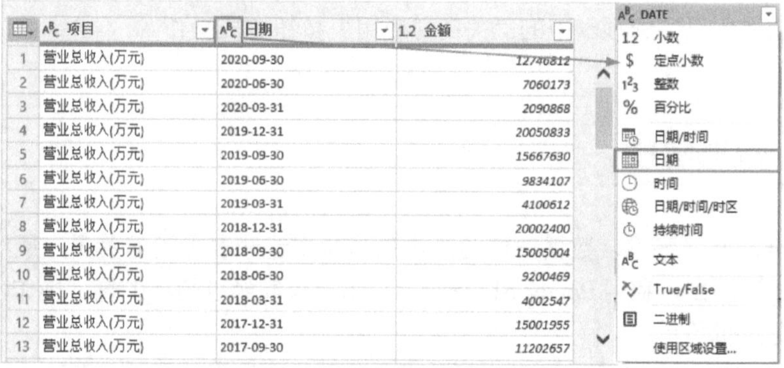

	项目	日期	金额
1	营业总收入(万元)	2020-09-30	12746812
2	营业总收入(万元)	2020-06-30	7060173
3	营业总收入(万元)	2020-03-31	2090868
4	营业总收入(万元)	2019-12-31	20050833
5	营业总收入(万元)	2019-09-30	15667630
6	营业总收入(万元)	2019-06-30	9834107
7	营业总收入(万元)	2019-03-31	4100612
8	营业总收入(万元)	2018-12-31	20002400
9	营业总收入(万元)	2018-09-30	15005004
10	营业总收入(万元)	2018-06-30	9200469
11	营业总收入(万元)	2018-03-31	4002547
12	营业总收入(万元)	2017-12-31	15001955
13	营业总收入(万元)	2017-09-30	11202657

图 6-22 将字符串转换为日期型

最后，单击“主页”选项卡中的“关闭并应用”按钮完成操作。

6.3.6　处理股票交易数据

按照项目 3 中 3.2.1 节的方法，获取 2017 年 1 月 1 日—2020 年 9 月 30 日的股票交易数据，文件名为"格力电器股票交易数据.csv"。通过 Power BI Desktop 加载"格力电器股票交易数据.csv"后，得到如图 6-23 所示的数据。

	A^B_C ts_code	▾	1^2_3 trade_date	▾	1.2 open	▾	1.2 high
1	000651.SZ		20200930			53.16	
2	000651.SZ		20200929			53.4	
3	000651.SZ		20200928			54.12	
4	000651.SZ		20200925			54.35	
5	000651.SZ		20200924			55.12	
6	000651.SZ		20200923			55.5	
7	000651.SZ		20200922			56.15	
8	000651.SZ		20200921			55.75	
9	000651.SZ		20200918			55.2	
10							

图 6-23　加载股票交易数据

对该文件的数据处理，只需要将"trade_date"列数据由数值型转换为日期型。方法是先将其转换为文本型（即字符串），再转换为日期型，如图 6-24 所示。

在转换为文本型和日期型时，会弹出如图 6-25 所示的"更改列类型"对话框，单击"添加新步骤"按钮，即可完成日期型数据的更改。

图 6-24　将数值型数据转换为日期型数据

图 6-25　"更改列类型"对话框

最后，单击"主页"选项卡中的"关闭并应用"按钮完成操作。

任务 6.4　数据建模

数据分析会涉及多张表，数据建模的工作就是建立这些表之间的关系，最终将复杂的业务逻辑通过模型表达出来。利用 Power BI Desktop，用户仅需经过简单的鼠标操作，就可以迅速建立表之间的业务逻辑关系。

在 Power BI Desktop 中存在两种类型的表，一种是事实表，即从 CSV 文件、Excel 文件、数据库等加载进来的数据表；另一种是维度表，维度表可以看作是用户分析数据的窗口，维度表包含了事实表中指定属性的详细信息，比如日期、项目名称、存储信息等。有些属性提供描述性信息，有些属性指定如何汇总事实表数据，以便为分析者提供有用的信息。

下面新建两个维度表：项目名称表和日期表。

6.4.1　新建项目名称表

在本项目的可视化报表中，需要根据利润表中的项目名称来展示对应的数据，因此需要新建一个项目名称表，实现方法有以下几个步骤。

6-3
新建项目名称表

1）由于项目名称需要从利润表中获取，因此需要打开利润表的 Power Query 编辑器，将名称列单独拿出来放到新表中。在"数据"视图中找到"格力电器利润表"，单击右键，在弹出的快捷菜单中选择"编辑查询"命令，打开利润表的 Power Query 编辑器，如图 6-26 所示。

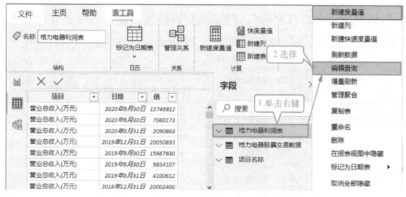

图 6-26　打开利润表 Power Query 编辑器

2）在利润表的 Power Query 编辑器中，选择"查询设置"面板的"应用的步骤"栏中的"提升的标题"（因为这个步骤中的项目名称的顺序跟原始表一致），再在"报告日期"列名上单击右键，在弹出的快捷菜单中选择"作为新查询添加"命令，如图 6-27 所示。

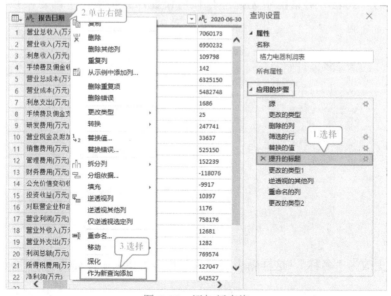

图 6-27　添加新查询

执行"作为新查询添加"命令后，得到名为"报告日期"的列表，如图 6-28 所示。

图 6-28 "报告日期"列表

3）将列表名称更改为"项目名称"，然后将列表转换为表，方法是在"列表"列名上单击右键，选择快捷菜单中的"到表"命令，如图 6-29 所示。

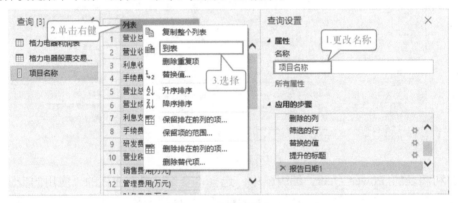

图 6-29 "到表"命令

4）在弹出的"到表"对话框中无须进行任何设置，直接单击"确定"按钮，如图 6-30 所示。

图 6-30 创建一个表

5）将列名更改为"名称"，这样新表"项目名称"就建成了，如图 6-31 所示。

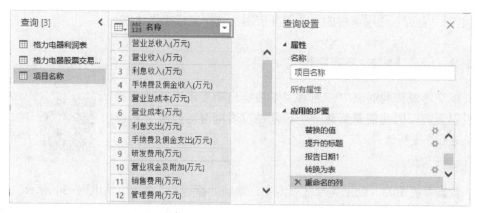

图 6-31 修改新表中的列名

6）为了在"项目名称"报表中按原始顺序排列，需要在该表中添加一个索引列记录当前顺序。实现方法是在"添加列"选项卡中的"索引列"下拉列表中选择"从 1"，表示添加从 1 开始的索引值，如图 6-32 所示。

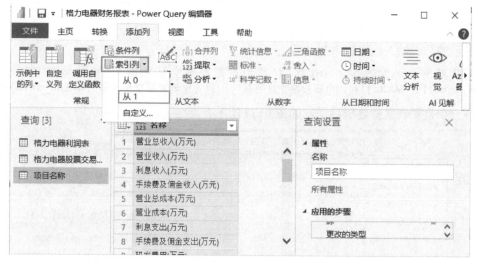

图 6-32 添加索引列

图 6-33 所示为添加索引列后的表。

ABC 123 名称	1²₃ 索引
1 营业总收入(万元)	1
2 营业收入(万元)	2
3 利息收入(万元)	3
4 手续费及佣金收入(万元)	4
5 营业总成本(万元)	5
6 营业成本(万元)	6
7 利息支出(万元)	7
8 手续费及佣金支出(万元)	8
9 研发费用(万元)	9

图 6-33 添加索引列后的表

7）单击"主页"选项卡中的"关闭并应用"按钮完成操作。

6.4.2 使用 DAX 新建日期表

在股票交易表和利润表中，通常需要根据日期展示不同时期的财务和股票走势，因此需要新建一个日期维度表同时对股票交易表和利润表进行维度筛选。

6-4
新建日期表

1. 新建日期表

在"数据"视图的"表工具"选项卡中，单击"新建表"按钮，如图 6-34 所示。

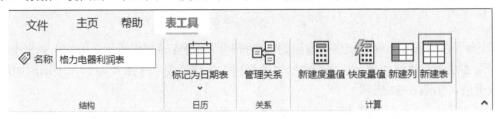

图 6-34　新建日期表

在显示的公式输入框中输入表达式：

　日 期 表 = CALENDAR (MINX ('格力电器股票交易数据','格力电器股票交易数据'[trade_date]), MAXX ('格力电器股票交易数据', '格力电器股票交易数据'[trade_date]))

这样一个日期表就新建成功了，如图 6-35 所示。

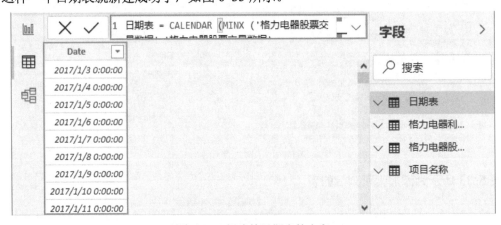

图 6-35　新建的日期表的内容

公式输入框中输入的表达式叫作**数据分析表达式**（Data Analysis Expression，DAX）。它是在 Power BI、Analysis Services 以及 Excel 的 Power Pivot 中使用的公式表达式语言。DAX 公式自带一个包含 200 多个函数、运算符和构造的库，能够对表格数据模型中相关表和列中的数据执行高级计算和查询。

在上述表达式中，用到了 DAX 的三个函数：MINX、MAXX 和 CALENDAR。

MINX 函数的功能是使用表达式对表数据进行计算，并返回计算结果的最小值，使用方法如下所示。

　　　MINX(<表名>,<表达式>)

MINX ('格力电器股票交易数据','格力电器股票交易数据'[trade_date])表示获取"格力电器股票交易数据"表中"trade_date"字段值的最小值，即起始日期。

另外，DAX 函数引用表和字段的格式如下。

1）使用单引号（''）引用表名。

2）使用方括号（[ ]）引用表的字段或度量值（6.5.1 节会介绍）。

3）引用字段时，前面始终要带上表名，以便和度量值区分开。

MAXX 函数的功能是使用表达式对表数据进行计算，并返回计算结果的最大值，使用方法如下所示。

MAXX(<表名>,<表达式>)

MAXX ('格力电器股票交易数据', '格力电器股票交易数据'[trade_date])表示获取"格力电器股票交易数据"表中"trade_date"字段值的最大值，即终止日期。

CALENDAR 函数的功能是返回一个包含连续日期的表，使用方法如下所示。

CALENDAR (<起始日期>,<终止日期>)

其返回的表中有一个包含一组连续日期的名为"Date"的列。日期范围从指定的起始日期到指定的终止日期（包含这两个日期）。

CALENDAR (MINX ('格力电器股票交易数据','格力电器股票交易数据'[trade_date]), MAXX ('格力电器股票交易数据', '格力电器股票交易数据'[trade_date]))，表示返回一个表，其中有一个包含一组连续日期的名为"Date"的列，日期范围是格力电器股票交易数据表中字段"trade_date"的起始日期到终止日期。

为了便于理解，可以将日期表中的字段名"Date"改为"日期"，如图 6-36 所示。

图 6-36　更改列名

2．添加列（年）

在日期表中还需要添加一列，内容是"日期"列中的年份，以便在数据分析过程中按年份进行数据的统计和展示。

1）在"数据"视图中，选择"日期表"，然后在 "表工具"选项卡中，单击"新建列"按钮，如图 6-37 所示。

2）在显示的公式输入框中输入表达式：**年 = YEAR([日期])**。DAX 函数 YEAR()的功能是根据提供的日期返回其年份。这样就完成了年份列的添加，如图 6-38 所示。

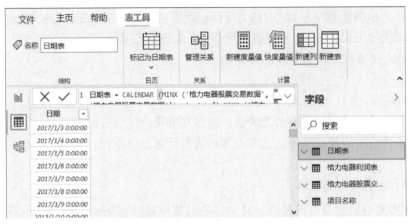

图 6-37　新建列

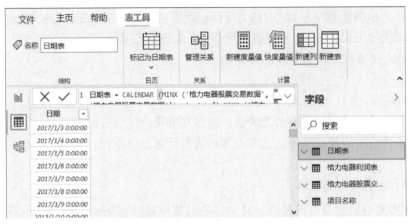

图 6-38　添加"年"列

3. 添加列（季度）

上市公司的财报一般都是按照季度发布的，因此在做数据分析时，还需要按照季度统计和分析数据。按照上面添加年份列的方法新建一列，在显示的公式输入框中输入表达式：

季度 = ROUNDUP(MONTH([日期])/3,0)

首先使用 DAX 函数 MONTH([日期])获取当前日期的月份，将月份除以 3 得到一个浮点数，再通过使用 DAX 函数 ROUNDUP 将这个数向上取整，就得到了季度值，ROUNDUP 的第二个参数 0 表示取整，结果如图 6-39 所示。

图 6-39　新建"季度"列

4. 添加列（季度名称）

如果仅将季度以 1、2、3、4 展示在报表中，用户无法知道它的含义，因此这里需要再添加一列，存储更加容易理解的季度名称，例如"Q1"或者"第 1 季度"等。

新建一列后，在显示的公式输入框中输入表达式：**季度名称 = "Q"&[季度]**，得到如图 6-40 所示的"季度名称"列。

图 6-40 新建"季度名称"列

5. 添加列（期间编号）

为了数据分析的需要，本项目还需要计算同比增长率，计算公式是：

同比增长率 = （本年度指标值-上年同期指标值）/ 上年同期指标值

例如，某企业 2021 年第二季度（Q2）的利润为 2000 万元，要计算同比增长率，就需要获取 2020 年同季度的利润。如何根据当前的季度值获取上年同季度的值呢？解决方法是新增一个"期间编号"列，将年份和季度编号，从某个起始值开始（不一定是 1），如表 6-1 所示。

表 6-1 某企业季度利润表

年	季度	项目	金额（万元）	期间编号
2020	1	利润	1500	1
2020	2	利润	1600	2
2020	3	利润	1700	3
2020	4	利润	1800	4
2021	1	利润	1900	5
2021	2	利润	2000	6
2021	3	利润	2200	7
2021	4	利润	3000	8

这样就可以通过如下公式计算上年同期的期间编号，进而实现数据的定位。

上年同季度的期间编号 = 本年度某季度的期间编号-4

下面就在"日期表"中添加一个"期间编号"列。新建列后，在显示的公式输入框中输入表达式：**期间编号 =([年]-2000)*4+[季度]**。

由表达式可知，"期间编号"列由年和季度共同决定，并且相同年份和季度的期间编号是一样的，如图 6-41 所示。

图 6-41 新建"期间编号"列

6.4.3 创建表之间的关联

本小节实现数据的建模,即通过维度表将多张事实数据表关联起来。数据建模的工作是在"模型"视图中完成的,单击左侧"模型"视图图标,切换到"模型"视图,界面中展示了两张维度表和两张事实表。

6-5
创建立表之间
的关联

1)连接"项目名称"与"格力电器利润表"两个表。"项目名称"和"格力电器利润表"是通过"名称"字段和"项目"字段进行关联的,使用鼠标将"名称"字段从"项目名称"表拖到"格力电器利润表"的"项目"字段,就完成了表之间关联的创建,如图 6-42 所示。

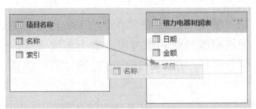

图 6-42 创建两个表之间的关联

2)"日期表""格力电器利润表""格力电器股票交易数据"3 个表之间是通过日期来关联的。使用同样的方法将"日期表"中的"日期"字段分别拖到"格力电器利润表"的"日期"字段和"格力电器股票交易数据"表的"trade_date"字段,这样所有表的关联就全部创建完成了,如图 6-43 所示。

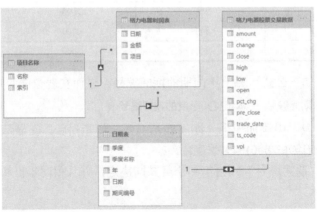

图 6-43 所有表之间的关联

由图 6-43 可知,"项目名称"与"格力电器利润表"、"日期表"与"格力电器利润表"是一对*（多）的关系进行关联的,"日期表"与"格力电器股票交易数据"是一对一进行关联的。通过筛选"日期表"可以控制对应的事实表的数据,实现动态展示不同维度的数据以及跨表连接展示数据。

任务 6.5 数据分析和可视化

6.5.1 度量值:计算关键指标

在企业财务数据中,一些关键指标是经营者或投资者需要特别关注的,最好在报表中将这些关键指标独立出来并突出展示。Power BI Desktop 中的卡片图是一个用来展示重点数据的可视化对象。本小节的目标就是使用卡片图来展示营业收入、净利润、净利率和毛利率等关键指标数据。

6-6
度量值:计算关键指标

完成关键指标数据的展示,分两步进行。

1)计算关键指标的值。

2)使用卡片图展示关键指标。

在计算这些关键指标之前,先介绍 Power BI 中的一个核心概念:度量值。度量值主要用于数据表,是使用 DAX 公式创建的一个**虚拟字段**,它不会改变源数据,也不改变数据模型。度量值主要用于聚合计算,计算结果随着与报表的交互而改变,以便进行快速和动态的数据浏览。

下面在格力电器利润表中生成几个与关键指标相关的度量值。

1)生成金额合计的度量值。

在"数据"视图中,右键单击"格力电器利润表",在弹出的快捷菜单中选择"新建度量值"命令,如图 6-44 所示。

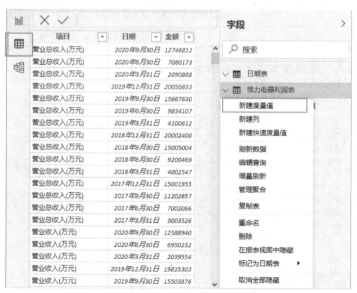

图 6-44 新建度量值

在显示的公式输入框中输入 DAX 表达式：金额合计 = SUM('格力电器利润表'[金额])。

输入上述公式后，发现在格力电器利润表中，多了一个带有计算器图标的名为"金额合计"的字段，但表的结构没有任何变化，即并未在表中添加名为"金额合计"的列，如图 6-45 所示。

图 6-45　使用 DAX 生成"金额合计"的度量值

2）生成营业收入的度量值。

下面生成营业收入的度量值。与上述操作一样，在格力电器利润表中新增一个度量值，在显示的公式输入框中输入 DAX 表达式：

营业收入 = CALCULATE([金额合计],'格力电器利润表'[项目]="营业收入(万元)")

这个表达式实现了使用 CALCULATE 函数计算格力电器利润表中"项目"列的值为"营业收入(万元)"时的金额合计的功能。CALCULATE 函数的使用方法如下所示。

CALCULATE(<表达式>[,<筛选器 1>[,<筛选器 2>[,…]]])

其功能是对使用筛选器筛选后的数据执行表达式，计算得到对应的值。参数说明如表 6-2 所示。

表6-2　CALCULATE 函数参数说明

参数名称	描述
表达式	要进行求值的表达式（度量值本质上就是一个表达式）
筛选器	可选。可以有多个

生成的营业收入的度量值如图 6-46 所示。

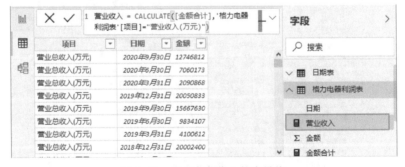

图 6-46　生成营业收入的度量值

3）生成净利润的度量值。

净利润度量值的生成方法与营业收入度量值的生成方法一样。在格力电器利润表中新增一个度量值，在显示的公式输入框中输入 DAX 表达式：

净利润 = CALCULATE([金额合计],'格力电器利润表'[项目]="净利润(万元)")

生成的净利润的度量值如图 6-47 所示。

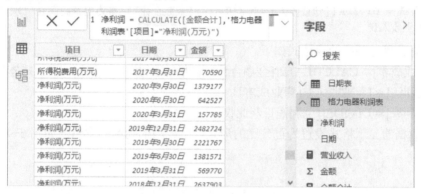

图 6-47 生成净利润的度量值

4）生成净利率的度量值。

净利率可理解为企业竞争力的一种间接表现，其计算公式为：

净利率 = 净利润 / 营业收入

在格力电器利润表中新增一个度量值，在显示的公式输入框中输入 DAX 表达式：

净利率 = DIVIDE([净利润],[营业收入])

DIVIDE 函数用于实现除法计算，它支持除数为 0 的情况。DIVIDE 函数的使用方法如下所示。

DIVIDE(<被除数>,<除数>[,<备用值>])

其返回值为浮点型。被 0 除时返回备用值或 BLANK()。其中备用值为可选的，是指被 0 除导致错误时返回的值。如果未设置备用值，则默认为 BLANK()。

净利率的值默认是一个小数，如果想转换为百分比的形式，只要在"度量工具"选项卡中单击"%"按钮即可，如图 6-48 所示。

图 6-48 将小数转换为百分比数值

5）生成毛利率的度量值。

毛利率可体现出企业提供的商品或服务具备的竞争优势，其计算公式为：

$$毛利率 = 毛利润/营业收入$$

$$毛利润 = （营业收入-营业成本）$$

在格力电器利润表中新增一个度量值，在显示的公式输入框中输入 DAX 表达式：

毛利率 = DIVIDE([营业收入]-CALCULATE([金额合计],'格力电器利润表'[项目]="营业成本(万元)"),[营业收入])

分解上述计算毛利率的表达式如下。

（1）[营业成本] = CALCULATE([金额合计],'格力电器利润表'[项目]="营业成本(万元)。

（2）[毛利润] = [营业收入]-[营业成本]。

（3）[毛利率] = DIVIDE([毛利润],[营业收入])。

最后将数据的显示格式设置为百分比的形式。生成的毛利率的度量值如图 6-49 所示。

图 6-49　生成毛利率的度量值

6.5.2　卡片图：展示关键指标数据

定义了关键指标的度量值后，就可以使用卡片图实现营业收入、净利润、净利率和毛利率的可视化展示了。以营业收入为例，实现步骤如下。

6-7
卡片图：展示
关键指标数据

1）将界面切换到"报表"视图。

2）在可视化对象区中单击"卡片图"图标，将卡片图添加到画布中。

3）选中卡片图，将格力电器利润表中的度量值"营业收入"拖到可视化对象区卡片图字段栏的"字段"框中，并将"字段"文字更改为"营业收入(百万)"，如图 6-50 所示。

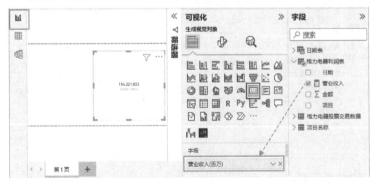

图 6-50　添加卡片图

4）对卡片图的样式进行设置。这里对卡片图的数据标签、类别标签和边框进行了设置，如图 6-51 所示。

图 6-51 对卡片图设置样式

设置完成后，得到如图 6-52 所示的卡片图。

按照上面的操作步骤，完成净利润、净利率和毛利率的卡片图，如图 6-53 所示。

图 6-52 营业收入的卡片图

图 6-53 完成的 4 个卡片图

卡片图中的数据是对格力电器利润表中所有数据进行统计和计算得到的。例如营业收入的值是格力电器利润表中 2017—2020 年所有营业收入的和格力电器利润表中某个季度的营业收入指的是累计和，如 2017 年 Q2 的营业收入是指前两个季度的营业收入，2017 年 Q4 的营业收入就是全年收入。

如何按照年和季度来筛选并展示这些数据呢？可以使用切片器来实现，实现步骤如下。

1）在画布中添加一个切片器对象，将日期表中的"年"字段拖入到可视化对象区字段栏的"字段"框中，如图 6-54 所示。

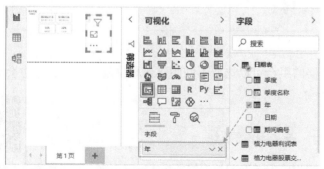

图 6-54 添加年度切片器

2）单击切片器对象右上角的下拉按钮，将切片器类型设置为"列表"，如图 6-55 所示。

3）在格式栏中设置切片器样式。设置平铺方向为"水平"，开启单项选择以及关闭切片器标头，如图 6-56 所示。

图 6-55　更改切片器类型

图 6-56　设置切片器样式

4）再向画布中添加一个按季度筛选的切片器对象，将日期表中的字段"季度名称"拖入到可视化对象区字段栏的"字段"框中，如图 6-57 所示。

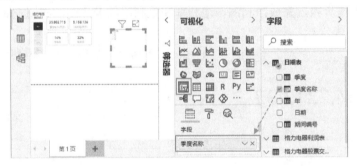

图 6-57　添加季度切片器

5）使用格式刷将切片器设置为与年份切片器相同的格式，如图 6-58 所示。

图 6-58　切片器最终效果

通过这两个切片器的组合可以选取不同的年份和季度，卡片图中也会动态显示当年该季度的关键指标数据。

6.5.3　矩阵图：罗列关键数据

6-8

矩阵图：罗列
关键数据

有时需要将报表数据中的所有项目以表格的形式展示出来，并对每项数据逐一进行统计与分析。图 6-59 使用矩阵图罗列了格力电器利润表中所有的项目，不仅有本期的金额，还有去年同期和同比增长率等指标。事实上，还可以在后面添加更多指标，如同比增长额、环比增长额、环比增长率等。

项目	本期	去年同期	同比增长率
一、营业总收入	40,025.47 百万	30,035.26 百万 ↑	33.26%
营业收入	39,561.58 百万	29,681.50 百万 ↑	33.29%
二、营业总成本	34,022.26 百万	25,704.24 百万 ↑	32.36%
营业成本	27,353.77 百万	19,479.98 百万 ↑	40.42%
营业税金及附加	280.53 百万	218.07 百万 ↑	28.64%
销售费用	4,350.50 百万	4,440.42 百万 ↓	-2.03%
管理费用	1,898.66 百万	1,386.31 百万 ↑	36.96%
财务费用	-111.58 百万	-68.72 百万 ↑	62.37%
研发费用	0.00 百万	0.00 百万	
资产减值损失	228.67 百万	242.35 百万 ↓	-5.65%
公允价值变动收益	230.76 百万	326.71 百万 ↓	-29.37%
投资收益	47.78 百万	29.91 百万 ↑	59.76%
其中:对联营企业和合营企业的投资收益	-1.75 百万	-1.56 百万 ↑	12.80%
汇兑收益	0.00 百万	0.00 百万	
三、营业利润	6,333.16 百万	4,687.65 百万 ↑	35.10%
加:营业外收入	60.28 百万	61.16 百万 ↓	-1.44%
减:营业外支出	5.57 百万	6.54 百万 ↓	-14.87%
其中:非流动资产处置损失	0.00 百万	5.05 百万 ↓	-100.00%
四、利润总额	6,387.87 百万	4,742.26 百万 ↑	34.70%
减:所得税费用	781.29 百万	705.90 百万 ↑	10.68%
五、净利润	5,606.58 百万	4,036.37 百万 ↑	38.90%
归属于母公司所有者的净利润	5,581.62 百万	4,014.54 百万 ↑	39.04%

图6-59 使用矩阵图展示格力电器利润表中所有的项目

图6-59使用的可视化对象叫作矩阵图。下面介绍实现这个矩阵图的方法。

首先需要添加两个度量值，分别用于计算去年同期和同比增长率。

1. 生成去年同期的度量值

在"数据"视图中，右键单击"格力电器利润表"，在弹出的快捷菜单中，选择"新建度量值"，在显示的公式输入框中输入DAX表达式：

```
去年同期 =
VAR no = SELECTEDVALUE('日期表'[期间编号])
RETURN
CALCULATE('格力电器利润表'[金额合计],FILTER(ALL('日期表'),'日期表'[期间编号]=no-4))
```

生成的去年同期的度量值如图6-60所示。

图6-60 生成去年同期的度量值

该度量值的DAX表达式是如何获取去年同期的相关数据的呢？所谓的去年同期，是以当前日期为基准的前一年的相关数据。例如当期是2018年Q3，去年同期就是2017年Q3。DAX表达式中第2行的SELECTEDVALUE函数用于获取当期对应的期间编号，例如2018年Q3的期间编号值为75，如图6-61所示。

DAX表达式的最后一行：

CALCULATE('格力电器利润表'[金额合计],FILTER(ALL('日期表'),'日期表'[期间编号]=no-4))，实现了获取去年同期的金额合计，这里涉及两个新函数：ALL 函数和 FILTER 函数。

（1）ALL 函数

ALL 函数忽略已应用的所有筛选器。ALL('日期表')表示忽略针对日期表的所有筛选器。前面实现的年份切片器和季度切片器就是外部筛选器，如果选择了 2018 年 Q1，如图 6-62 所示，那么筛选器就会对日期表进行筛选，得到 2018 年 Q1 的日期数据集。但是，由于外部筛选器的作用，在 2018 年 Q1 的数据集中无法得到去年同期即 2017 年 Q1 的数据，使用 ALL('日期表')函数可以解决此问题。

日期	年	季度	季度名称	期间编号
2018/9/20 0:00:00	2018	3	Q3	75
2018/9/21 0:00:00	2018	3	Q3	75
2018/9/22 0:00:00	2018	3	Q3	75
2018/9/23 0:00:00	2018	3	Q3	75
2018/9/24 0:00:00	2018	3	Q3	75
2018/9/25 0:00:00	2018	3	Q3	75
2018/9/26 0:00:00	2018	3	Q3	75
2018/9/27 0:00:00	2018	3	Q3	75
2018/9/28 0:00:00	2018	3	Q3	75
2018/9/29 0:00:00	2018	3	Q3	75

图 6-61　日期表中的期间编号

图 6-62　通过切片器筛选日期

（2）FILTER 函数

FILTER 函数用于数据的筛选，可以实现复杂逻辑的数据筛选。该函数不能单独使用，一般与 CALCULATE 函数搭配使用。FILTER 函数的使用方法如下所示。

FILTER(<表>,<筛选器>)

其功能是实现数据的筛选并返回包含筛选结果的数据表。FILTER 函数的参数说明如表 6-3 所示。

表 6-3　FILTER 函数的参数说明

参数名称	描述
表	要筛选的表
筛选器	筛选条件

表达式 FILTER(ALL('日期表'),'日期表'[期间编号]=no-4)表示从日期表中筛选出期间编号为去年同期的数据，返回只包含去年同期日期数据的表。

（3）CALCULATE 函数

CALCULATE 函数的第二个参数是筛选条件，使用的是用于筛选的 FILTER 函数。通过 CALCULATE 函数计算得到去年同期的金额合计。

2. 生成计算同比增长率的度量值

在"数据"视图中，右键单击"格力电器利润表"，在弹出的快捷菜单中，选择"新建度量值"。根据同比增长率的公式：同比增长率=(本期-去年同期)/去年同期，在显示的公式输入框中输入 DAX 表达式：

同比增长率 = DIVIDE('格力电器利润表'[金额合计]-[去年同期],[去年同期])

在"度量工具"选项卡中单击"%"按钮将增长率以百分比显示，如图 6-63 所示。

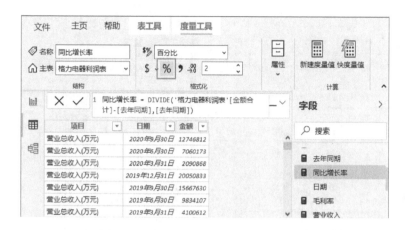

图 6-63　将同比增长率更改为百分比形式

下面就可以将数据加入到矩阵图中展示了。实现步骤如下。

1）切换到"报表"视图。

2）在可视化对象区中单击"矩阵图"按钮，将矩阵图添加到画布中。

3）选中矩阵图，将"项目名称"表中的"名称"拖入到矩阵图对象字段栏的"行"框中，将"格力电器利润表"中的"金额合计""去年同期"以及"同比增长率"拖入到字段栏的"值"框中，如图 6-64 所示。

图 6-64　将数据字段和度量值加入到矩阵图

得到的矩阵图如图 6-65 所示。

图 6-65 所示的矩阵图有一个问题，就是第一列"名称"列没有按照原始表中的顺序排列，原始表中的排列顺序是按照标准财报项目排列的。此时需要用到 6.4.1 节中在"项目名称"表中添加的"索引"列。

将数据展示区中"项目名称"表的"索引"拖入到字段栏的"值"框中，并单击下拉按钮，在弹出的下拉列表中选择统计方式"最小值"，如图 6-66 所示。

名称	金额合计	去年同期	同比增长率
财务费用(万元)	-11,158.00	-6,872.00	62.37%
对联营企业和合营企业的投资收益(万元)	-175.00	-156.00	12.18%
公允价值变动收益(万元)	23,076.00	32,671.00	-29.37%
管理费用(万元)	189,866.00	138,631.00	36.96%
归属于母公司所有者的净利润(万元)	558,162.00	401,454.00	39.04%
基本每股收益	0.93	0.67	38.81%
净利润(万元)	560,658.00	403,637.00	38.90%
利润总额(万元)	638,787.00	474,226.00	34.70%
利息收入(万元)	46,297.00	35,293.00	31.18%
利息支出(万元)	2,159.00	571.00	278.11%
少数股东损益(万元)	2,495.00	2,183.00	14.29%
手续费及佣金收入(万元)	92.00	83.00	10.84%
总计	17,292,491.86	12,986,796.34	33.15%

图 6-65 带有数据的矩阵图

图 6-66 加入"索引"列

在矩阵图中，通过单击"索引"列名，设置排序方式为升序，如图 6-67 所示。

名称	金额合计	去年同期	同比增长率	索引 的最小值
营业总收入(万元)	4,002,547.00	3,003,526.00	33.26%	1
营业收入(万元)	3,956,158.00	2,968,150.00	33.29%	2
利息收入(万元)	46,297.00	35,293.00	31.18%	3
手续费及佣金收入(万元)	92.00	83.00	10.84%	4
营业总成本(万元)	3,402,226.00	2,570,424.00	32.36%	5
营业成本(万元)	2,735,377.00	1,947,998.00	40.42%	6
利息支出(万元)	2,159.00	571.00	278.11%	7
手续费及佣金支出(万元)	12.00	11.00	9.09%	8
研发费用(万元)	0.00	0.00		9
营业税金及附加(万元)	28,053.00	21,807.00	28.64%	10
销售费用(万元)	435,050.00	444,042.00	-2.03%	11
管理费用(万元)	189,866.00	138,631.00	36.96%	12
总计	17,292,491.86	12,986,796.34	33.15%	1

图 6-67 设置"索引"列按升序排列

4）最后对矩阵图的样式进行设置。在"小计"中关闭"行小计"，在"条件格式"中，打开"金额合计"的数据条开关，打开"同比增长率"的图标开关，如图 6-68 所示。

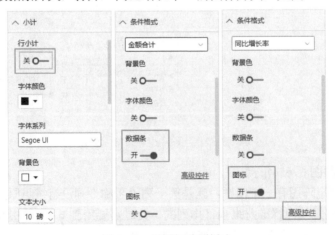

图 6-68 设置矩阵图样式

在"条件格式"中，单击"高级控件"超链接，进入"图标-同比增长率"对话框，在"规则"选项组中进行如下设置：当字段值为负时，显示绿色向下箭头图标（↓）；当字段值为 0

时，显示黄色向右箭头图标（→）；当字段值为正时，显示红色向上箭头图标（↑），如图 6-69 所示。

图 6-69　自定义数据条和图标的格式

经过格式设置后的矩阵图如图 6-70 所示。

名称	金额合计	去年同期	同比增长率
营业总收入(万元)	4,002,547.00	3,003,526.00 ↑	33.26%
营业收入(万元)	3,956,158.00	2,968,150.00 ↑	33.29%
利息收入(万元)	46,297.00	35,293.00 ↑	31.18%
手续费及佣金收入(万元)	92.00	83.00 ↑	10.84%
营业总成本(万元)	3,402,226.00	2,570,424.00 ↑	32.36%
营业成本(万元)	2,735,377.00	1,947,998.00 ↑	40.42%
利息支出(万元)	2,159.00	571.00 ↑	278.11%
手续费及佣金支出(万元)	12.00	11.00 ↑	9.09%
研发费用(万元)	0.00	0.00	
营业税金及附加(万元)	28,053.00	21,807.00 ↑	28.64%
销售费用(万元)	435,050.00	444,042.00 ↓	-2.03%
管理费用(万元)	189,866.00	138,631.00 ↑	36.96%
财务费用(万元)	-11,158.00	-6,872.00 ↓	62.37%
公允价值变动收益(万元)	23,076.00	32,671.00 ↓	-29.37%
投资收益(万元)	4,778.00	2,991.00 ↑	59.75%
对联营企业和合营企业的投资收益(万元)	-175.00	-156.00 ↑	12.18%

图 6-70　最终的矩阵图效果

6.5.4　瀑布图：分析营业总成本

有时需要根据财务报表查看企业营业总成本的构成情况。本节使用 Power BI Desktop 的瀑布图（Waterfall Plot）来展示营业总成本的构成。瀑布图也称阶梯图，由麦肯锡公司所创，因其具有自上而下形似瀑布流水的流畅效果，故被称之为瀑布图，经常被用于企业经营和财务分析。

6-9

瀑布图：分析营业总成本

图 6-71 为格力电器营业总成本的瀑布图，它使用不同颜色的柱形反映营业支出和收入情

况，用数据的正负分别表示增加和减少，并以此来调整柱子的上升和下降，上升（支出）用绿色表示，下降（收入）用红色表示，柱子的高度反映了费用的多少，并且柱子的起始高度是前一个的余额数据，最终形成总计金额，即营业总成本。

图6-71

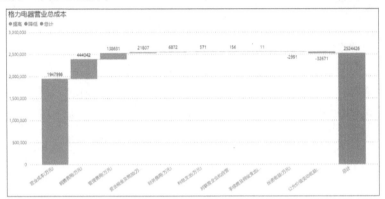

图 6-71　格力电器营业总成本瀑布图

下面就来完成这个瀑布图。

1）准备好绘制瀑布图需要的数据，即财务报表中营业总成本的各组成项目的数据。图 6-72 所示为数据集中构成格力电器营业总成本的项目（去除了一些空项目）。将所有的支出项目设置为正值，如营业成本、利息支出、研发费用、财务费用等。需要将收入设置为负值，如公允价值变动收益、投资收益和对联营企业和合营企业的投资收益，但是数据集中有些项目并未按此规则设置，如图 6-72 框线中的四个项目。

营业总成本(万元)	11,222,670	6,325,150	1,894,377
营业成本(万元)	9,647,519	5,482,748	1,682,852
利息支出(万元)	2,241	1,686	875
手续费及佣金支出(万元)	29	25	6
研发费用(万元)	398,747	247,741	90,753
营业税金及附加(万元)	60,511	33,637	14,623
销售费用(万元)	1,013,288	525,150	90,678
管理费用(万元)	250,914	152,239	64,340
财务费用(万元)	-150,580	-118,076	-49,751
公允价值变动收益(万元)	20,823	-9,917	-19,029
投资收益(万元)	16,094	10,397	6,285
对联营企业和合营企业的投资收益(万元)	1,999	1,176	210

图 6-72　构成营业总成本的项目

2）为瀑布图添加一个度量值，将财务费用、公允价值变动收益、投资收益、对联营企业和合营企业的投资收益四个项目的数据做正负反向处理。

在"数据"视图中，右键单击"格力电器利润表"，在弹出的快捷菜单中，选择"新建度量值"。在显示的公式输入框中输入 DAX 表达式：

```
瀑布图数据 =
VAR x=SELECTEDVALUE('格力电器利润表'[项目])
RETURN
```

```
SWITCH(TRUE(),
    x = "财务费用(万元)",CALCULATE(-[金额合计],'格力电器利润表'[项目]="财务费用
(万元)"),
    x = "公允价值变动收益(万元)",CALCULATE(-[金额合计],'格力电器利润表'[项目]="公
允价值变动收益(万元)"),
    x = "投资收益(万元)",CALCULATE(-[金额合计],'格力电器利润表'[项目]="投资收益
(万元)"),
    x = "对联营企业和合营企业的投资收益(万元)",CALCULATE(-[金额合计],'格力电器利润
表'[项目]="对联营企业和合营企业的投资收益(万元)"),
    [金额合计]
    )
```

首先通过 SELECTEDVALUE 函数获取"格力电器利润表"中的"项目"列并赋给 x；再通过
SWITCH 函数做如下处理：当 x 为四个指定项目时，使用 CALCULATE 函数将其对应的值做正负
反向处理；如果 x 为其他项目时，返回度量值[金额合计]，即原值。下面看 SELECTEDVALUE
函数和 SWITCH 函数的具体用法。

SELECTEDVALUE 函数表示通过上下文过滤器过滤的结果为唯一的一个值时，返回该值，否则
返回备用值。等同于 IF(HASONEVALUE(<列名>), VALUES(<列名>), <备用值>)。HASONEVALUE
函数表示当列被过滤为只有一个值时，返回 True，否则返回 False。SELECTEDVALUE 函数的使用
方法如下所示。

```
SELECTEDVALUE(<列名>[,<备用值>])
```

参数说明如表 6-4 所示。

表 6-4　SELECTEDVALUE 函数说明

参数名称	描述
列名	列的名称，不能是表达式
备用值	可选项。如果用上下文过滤器过滤后列剩下零个或多个非重复值，则返回该值

SWITCH 函数是一个条件判断语句，其语法格式为：

```
SWITCH(<expression>,
    <value1>, <result1>,
    <value2>, <result2>,
    …,
    <else>
    )
```

它表示当 expression 等于某个 value 值时，就返回对应的 result 标量值，如果 expression 与
任何 value 值都不匹配，则返回 else 语句的标量值。请读者思考下面的 SWITCH 表达式实现了
什么功能。

```
SWITCH([Week],
    1, "Monday",
    2, "Tuesday",
    3, "Wednesday",
    4, "Thursday",
    5, "Friday",
    6, "Saturday",
    7, "Sunday",
    "Unknown week number")
```

3）生成了名称为"瀑布图数据"的度量值后，下面就可以使用瀑布图来展示营业总成本的

构成了，实现步骤如下。

① 切换到"报表"视图。

② 在可视化对象区中单击"瀑布图"按钮，将瀑布图添加到画布中。

③ 将数据展示区的"格力电器利润表"中的"项目"拖入到瀑布图对象字段栏的"类别"框中，将度量值"瀑布图数据"拖入到字段栏的"值"框中，如图 6-73 所示。

此时画布中显示的瀑布图如图 6-74 所示。不过将格力电器财务报表中的所有项目都展示出来了，因此需要将与营业总成本的构成无关的项目去掉。

图 6-73　添加瀑布图可视化对象　　　　　　　　图 6-74　画布中的瀑布图效果

4）找到数据筛选区的"此视觉对象上的筛选器"中，只勾选"项目"列中与营业总成本相关的 11 个项目，如图 6-75 所示，这样瀑布图中只会显示筛选后的项目了，如图 6-76 所示。

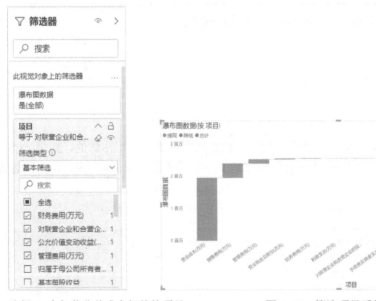

图 6-75　选择 11 个与营业总成本相关的项目　　　　图 6-76　筛选项目后的瀑布图效果

5）最后对瀑布图的样式进行设置。通过对 X 轴、Y 轴、数据标签、标题以及边框进行设置，得到如图 6-77 所示的瀑布图。

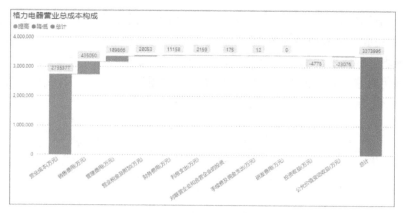

图 6-77　设置样式后的瀑布图

由图 6-77 可知，最右侧的"总计"（即营业总成本）的高度并不是左侧各项目对应柱形的高度之和，而是通过左侧一系列柱形的升降变化之后得到的，因此也称之为变化瀑布图，它直观呈现了过程数据的变化细节。

另外，单击瀑布图中的任意一个柱形，其他数据不变的可视化图形会产生交互显示效果，因此需要通过编辑交互，将其他可视化控件的可视化效果设置为"无"，以删除交互显示效果，图 6-78 展示了设置瀑布图对卡片图的交互显示模式为"无"的效果。

图 6-78　设置瀑布图对卡片图的交互模式为"无"

6.5.5　K 线图：展现走势与趋势

K 线图是进行股票分析必不可少的工具，Power BI Desktop 默认不包含 K 线图功能模块，需要在 Power BI 应用商店中搜索并添加 K 线图工具。添加 K 线图工具步骤如下。

6-10
K 线图：展现走势与趋势

1）在可视化对象区中单击控件最后面的"…"按钮，在弹出的下拉列表中，选择"获取更多视觉对象"，进入到 Power BI 应用商店，如图 6-79 所示。

2）在 Power BI 应用商店的搜索栏中，输入"Candlestick"，按〈Enter〉键进行查询。在查询结果中找到"Candlestick by OKViz"工具，单击右侧的"添加"按钮，将 K 线图工具加载到 Power BI Desktop 中，如图 6-80 所示。

图 6-79　获取更多视觉对象

图 6-80　在 Power BI 应用商店中搜索"Candlestick"

回到 Power BI Desktop 的 "报表" 视图。由于第 1 页已经没有空间，这里将 K 线图显示在第 2 页中。下面完成一个 K 线图的绘制。

1）在 "报表" 视图中，单击 + 按钮，添加新页 "第 2 页"。

2）在可视化对象区，单击刚刚加载进来的 "K 线图" 按钮，将 K 线图可视化对象添加到画布中，如图 6-81 所示。

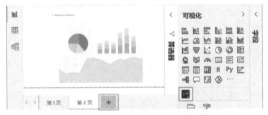

图 6-81 添加 K 线图可视化对象

3）选中画布中的 K 线图可视化对象，将 "格力电器股票交易数据" 表的相关字段拖入到 K 线图字段栏中，如图 6-82 所示。

另外，将 "Axis" 的默认值 "日期层次结构" 更改为 "trade_date"，如图 6-83 所示。

图 6-82 设置 K 线图可视化对象的数据字段　　　　图 6-83 设置 Axis

最后得到了 2017—2020 年的日 K 线图，如图 6-84 所示。

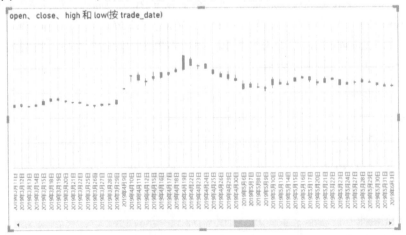

图 6-84 2017—2020 年的日 K 线图

4）可以通过切片器实现按不同日期展现 K 线图，由于第一页中已经设计了年份和季度的切片器，可以将它们直接复制到第二页。在复制到第二页时，会弹出"同步视觉对象"对话框，如图 6-85 所示，单击"同步"按钮，这样第一页和第二页的切片器就会保持同步，也就是说，这些切片器会同时对第一页和第二页起作用。

图 6-85　"同步视觉对象"对话框

通过年份切片器和季度切片器可以查看某个季度的 K 线图，如图 6-86 所示。

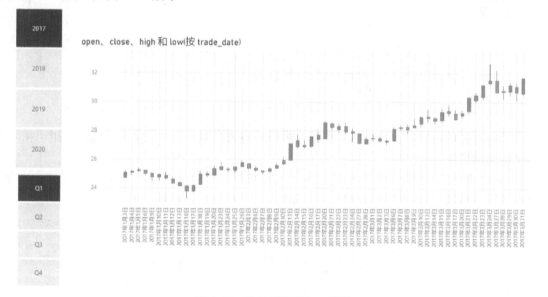

图 6-86　查看某季度的 K 线图

5）优化 K 线图的显示样式。在可视化对象区的"Candles"项中设置"Bullish color"为红色，"Bearish color"为绿色，设置"Borders"为关；在"标题"项中设置"标题文本"为"格力电器日 K 线图"；最后设置"阴影"为"开"，如图 6-87 所示。

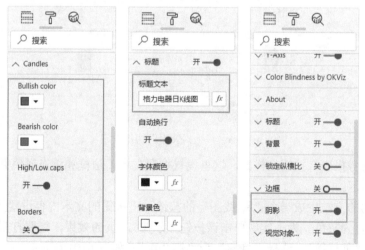

图 6-87　设置 K 线图样式

优化后的 K 线图如图 6-88 所示。

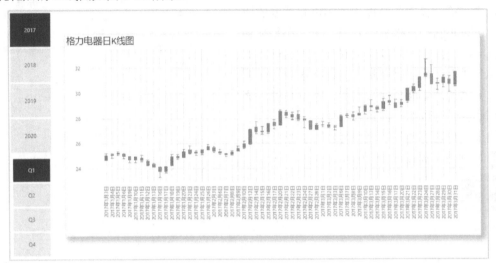

图 6-88　优化后的 K 线图

由于本项目的可视化报告分两页展示，最后还需要在每一页中设置两个按钮，用于在两页报表之间快速切换。

1）在"插入"选项卡中单击"按钮"下拉按钮，在弹出的下拉列表中选择"向左键"（"向右键"也可以），画布中就会插入一个带有左箭头的按钮，如图 6-89 所示。

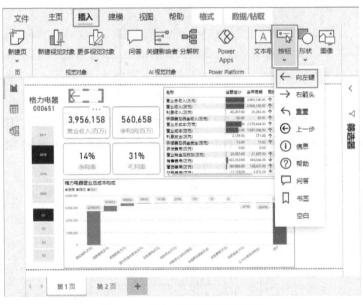

图 6-89　添加报表页面切换按钮

2）设置"财务报表"按钮的样式。这里设置按钮文本、边框和填充颜色并关闭"图标"开关，如图 6-90 所示。

3）按照相同的方法生成一个"K 线图"的按钮，将按钮的文本内容设置为"K 线图"，背景和边框颜色设置为灰色。为了实现单击该按钮显示第 2 页的效果，需要打开"操作"开关，选择"类型"为"页导航"，选择"目标"为"第 2 页"，如图 6-91 所示。

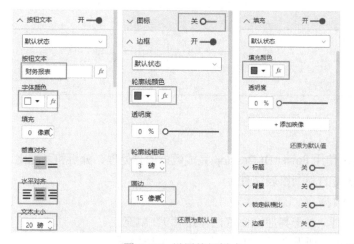 

图 6-90　设置按钮样式　　　　　　　　　　　　图 6-91　设置"K 线图"按钮跳转目标

4）第一页的两个按钮设置完后，选中这两个按钮，将它们复制并粘贴到第二页，将"财务报表"按钮的"操作"项的"目标"设为"第 1 页"，"K 线图"按钮的"操作"项的"目标"设为"无"，如图 6-92 所示。

图 6-92　设置第 2 页按钮的跳转目标

小结

本项目通过使用 Power BI Desktop 完成了格力电器企业财务数据的处理和可视化报告。

在数据获取阶段，通过调取财经数据接口 tushare 获取格力电器股票交易数据，从网易财经网站下载得到了企业财务数据。

在数据清洗阶段，除了常规的导入数据、删除数据、缺失值处理等数据处理外，还介绍了逆透视表的功能。

在数据建模阶段，使用 DAX 表达式新建两个维度表，一个是项目名称表，另一个是日期表，然后将它们与事实表建立关联，从而完成数据建模的工作。

在数据可视化阶段，使用卡片图展示关键指标数据；使用矩阵图展示利润表中各个项目的数据以及对应的统计和比较数据；使用瀑布图分析营业总成本的构成；使用 K 线图展示股票交易中的各项指标。

课后习题

操作题

下载科大讯飞的利润报表文件，使用 Power BI Desktop 完成数据的预处理、分析和可视化。

（1）从网易财经网下载科大讯飞的利润报表文件。

（2）只保留近 5 年的利润报表数据。

（3）删除大部分都是空白值的列，对于其他空白值，使用"0"填充。

（4）使用卡片图展示营业总收入、研发费用和毛利率这 3 个关键指标。

（5）使用矩阵图罗列利润报表中的所有数据。

（6）使用 Candlestick by OKViz 工具完成 K 线图，并且使用切片器展现不同维度的 K 线图。

项目 7　银行客户营销分析

随着互联网经济的飞速发展，商业银行也与其他传统企事业单位一样面临着市场的考验。对于银行来说，积极拓宽营销渠道、创新客户体验、提高营销绩效势在必行。电话营销以其成本低廉、效率较高成为银行重要的营销手段之一，但其也面临着成功率低的问题，业务员们总是抱怨很多客户只要听说是跟推销相关的话题立马就会挂断电话，而客户也会抱怨银行总是推销自己不感兴趣的或者自己能力承受范围外的产品，总是在开会或者不方便的时候接到推销电话。

任务 7.1　项目需求分析

【项目介绍】

本项目搜集了葡萄牙某银行机构某次电话直销活动的数据集，数据集中记录了客户的基本信息、联系情况等特征以及营销的结果（是否订阅定期存款业务）。本项目的任务就是通过数据分析，深挖客户需求，了解市场趋势，实现精准定位，进而提高电话直销的成功率。

本项目的数据来源于 UCI（University of California Irvine，加州大学欧文分校）提出的用于机器学习的数据库，数据集下载页面如图 7-1 所示。

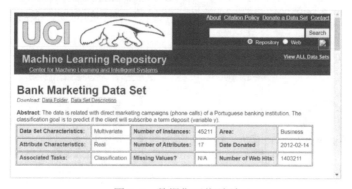

图 7-1　数据集下载页面

下载的文件夹中有一个名为"bank-full.csv"的文件，就是本项目要使用的数据集。该数据集中共有 17 个字段，45 211 条数据，字段及其说明如表 7-1 所示。

表 7-1　数据集字段及其说明

大类	字段	含义	取值
客户信息	age	年龄	具体年龄
	job	职业	12 种职业，如管理员、企业家等
	marital	婚姻状况	离异、已婚、单身
	education	教育水平	初等、中等、高等、未知

(续)

大类	字段	含义	取值
客户信息	default	是否有违约记录	有、无
	housing	是否有房贷	有、无
	loan	是否有贷款	有、无
	balance	存款数	具体金额数。负数表示有欠款
客户联系情况	contact	联系方式	手机、电话、未知
	month	最近联系月份	1~12月份的英文单词
	day	最近联系日	1~31
	duration	上次联系时长（秒）	具体时长
	campaign	本次活动的联系次数	具体次数
	pdays	距上次联系天数	具体天数，-1表示未知
	previous	上次活动总联系次数	具体次数
	poutcome	上次活动结果	成功、失败、其他、未知
结果	y	是否订阅定期存款业务	成功、失败

本项目的任务是使用 Power BI Desktop 对数据进行处理、分析并通过可视化效果完成以下问题的解答。

1）本次银行电话直销活动的效果如何？

2）客户是否订阅定期存款业务，与他们的职业、教育情况、年龄等是否具有关联性？如果有，是什么样的关联性？

3）老客户或回头客是否更愿意订阅通过电话直销推荐的定期存款业务？

4）业务员选择与客户联系的时间点不同，对订阅率会有影响吗？

5）能否建立一个问答系统，让业务员随时查询自己关心的问题，系统会给出相应的数据和可视化图表？

本项目最终的可视化报表如图 7-2 和图 7-3 所示。

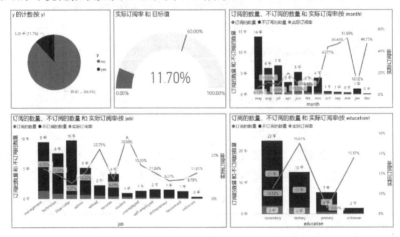

图 7-2　项目最终可视化报表（第 1 页）

 【项目流程】

本项目的实现流程如图 7-4 所示。

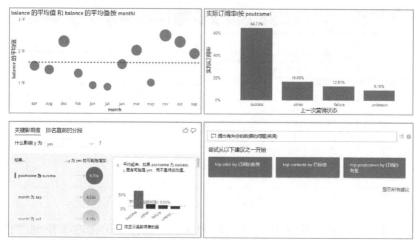

图 7-3　项目最终可视化报表（第 2 页）

图 7-4　本项目实现流程

数据处理：导入 CSV 数据，并处理以分号作为间隔符的数据。

数据分析和可视化：通过仪表盘、折线和堆积条形图、簇状条形图、关键影响者图和问答系统实现数据的分析和可视化效果。

【项目目标】

与项目流程相对应，本项目的学习目标如下。

数据处理：能够加载以分号等非逗号符号作为分隔符的数据文件，并能够使用"拆分列"的功能将数据正确分隔。

数据分析和可视化：能够使用仪表盘展示购买率数据；能够使用折线和堆积条形图分析出影响订阅率的因素；能够使用簇状条形图分析出组织活动对成功率的影响；能够使用关键影响者图的 AI 功能分析影响订阅率的因素；能够建立一个问答系统，让使用者按照自己的要求自动展示对应的数据和可视化图表。

任务 7.2　数据预处理

通过 Power BI Desktop 导入从 UCI 下载得到的 "bank-full.csv" 文件。在 Power BI Desktop 的"主页"选项卡中单击"获取数据"按钮，在弹出的下拉列表中选择"文本/CSV"进行加载，如图 7-5 所示。

7-1
数据预处理

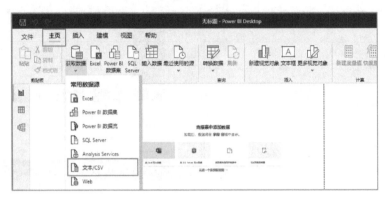

图 7-5　加载 CSV 文件

在弹出的"打开"对话框中选择需要加载的 CSV 文件，单击右下角的"打开"按钮，如图 7-6 所示。

图 7-6　打开要加载的文件

选取对应的 CSV 文件后，会切换到数据预览界面。由图 7-7 可知，加载的文件虽然是 CSV 文件，但是字段之间的分隔符却不是逗号而是分号。即使按照图 7-7 所示将"分隔符"选项设置为"分号"，但 Power BI Desktop 并没有以分号作为分隔符将字段分隔开。使用 Power Query 编辑器可以处理这个问题，单击"转换数据"按钮，进入 Power Query 编辑器界面。

图 7-7　数据预览界面

在"Power Query 编辑器"界面中，单击"主页"选项卡的"拆分列"按钮，在弹出的下拉列表中选择"按分隔符"，如图 7-8 所示。

图 7-8　Power Query 编辑器界面

在弹出的"按分隔符拆分列"对话框中，所有选项均使用默认值，单击"确定"按钮，如图 7-9 所示。

图 7-9　"按分隔符拆分列"对话框

这样各字段之间就被分号分隔开了，下面将第一行设置为标题行，在"Power Query 编辑器"界面中，选择"主页"选项卡，单击"将第一行用作标题"按钮，如图 7-10 所示。

图 7-10　将第一行设置为标题行

最后得到如图 7-11 所示的数据表。由于原始数据集中的数据本身比较齐整，也就无须再对数据做其他处理了。

	₁²₃ age	▾	Aᴮᴄ job	▾	Aᴮᴄ marital	▾	Aᴮᴄ education	▾	Aᴮᴄ defau
1	58		management		married		tertiary		no
2	44		technician		single		secondary		no
3	33		entrepreneur		married		secondary		no
4	47		blue-collar		married		unknown		no
5	33		unknown		single		unknown		no
6	35		management		married		tertiary		no
7	28		management		single		tertiary		no
8	42		entrepreneur		divorced		tertiary		yes
9	58		retired		married		primary		no
10	43		technician		single		secondary		no
11	41		admin.		divorced		secondary		no
12	29		admin.		single		secondary		no
13									

图 7-11　处理后的数据表

任务 7.3　数据分析和可视化

7.3.1　仪表盘：订阅率

银行最关心的是本次电话直销活动的成效，即成功说服客户订阅定期存款，业务的比例是多少。使用 Power BI Desktop 绘制饼图将该数据展示出来只需两步。首先在可视化对象区单击饼图图标，将饼图添加到画布中，然后将字段"y"拖入到字段栏中的"图例"框和"值"框中，一个关于订阅率的饼图就完成了，如图 7-12 所示。

7-2
仪表盘

由图 7-12 所示的饼图可知，本次电话直销的订阅率只有 11.7%，效果显然不是太理想。如果银行在本次电话直销活动前制定的目标是 60%，如何才能形象地展示实际值与目标值之间的差距呢？下面介绍 Power BI Desktop 中的仪表盘可视化对象，它通过类似于汽车的仪表盘，展示最小值、最大值、实际值与目标值之间的差距。仪表盘最终的显示效果如图 7-13 所示。仪表盘左边 11.70%的填充部分表示实际订阅率，右侧的 60.00%表示目标值。

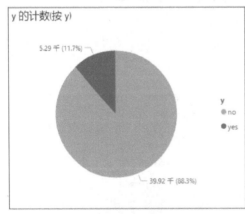

图 7-12　购买成功率的饼图

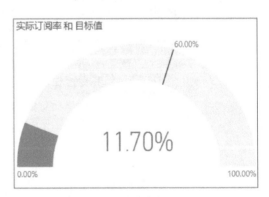

图 7-13　仪表盘的显示效果

要实现如图 7-13 所示的显示效果，首先要准备好仪表盘所需的各项数据，有最小值、最大值、实际值和目标值，其中最小值的 0.00%，最大值的 100.00%无须设置，采用默认值即可。目标值的 60.00%可以记录到度量值中。实际值则通过 DAX 表达式计算后记录在度量值中。

1. 生成目标值的度量值

1）在"数据"视图中，右键单击数据展示区的"bank-full"数据表，在弹出的快捷菜单中，选择"新建度量值"命令，如图 7-14 所示。

2）在显示的公式输入框中输入 DAX 表达式：**目标值 = 0.6**，再单击"度量工具"选项卡中的"%"按钮，将目标值显示为百分号的形式，如图 7-15 所示。

图 7-14　新建度量值

图 7-15　设置按百分号形式展示度量值

2. 生成订阅率的度量值

实际订阅率的计算公式是：

实际订阅 = 订阅的数量/总量

总　　量 = 订阅的数量+不订阅的数量

可以通过度量值来记录订阅的数量和不订阅的数量。那么，为什么不直接求出总量值，而要舍近求远分别将订阅数量和不订阅的数量求出再求和呢？这么做的原因是考虑到后续很多地方都会用到这两个指标，因此在这里分别处理。

1）订阅的数量的度量值，在数据表"bank-full"中新建一个度量值，在显示的公式输入框中输入 DAX 表达式：

　　订阅的数量 = CALCULATE(COUNTROWS('bank-full'),'bank-full'[y]="yes")

在该 DAX 表达式中使用了两个函数：COUNTROWS 函数和 CALCULATE 函数。其中COUNTROWS 函数用于统计表的行数，使用方法如下所示。

　　COUNTROWS (<表名>)

其功能是对指定表或表达式定义的表中的行数目进行计数，返回一个整数值。参数说明如表 7-2 所示。

表 7-2　COUNTROWS 函数说明

参数名称	描述
表名	表的名称，或是一个返回表的表达式

COUNTROWS 函数与 CALCULATE 函数配合使用，表示计算数据表"bank-full"中字段"y"为"yes"的数量，即数据集中所有订阅定期存款业务的数量。

DAX 中与 COUNT 相关的函数还有 COUNT、COUNTA、COUNTAX、COUNTBLANK、COUNTX、DISTINCTCOUNT，具体的用法请参考附录 C。

2）按同样的方法在数据表"bank-full"中新建一个度量值，在显示的公式输入框中输入 DAX 表达式：

```
不订阅的数量 = CALCULATE(COUNTROWS('bank-full'),'bank-full'[y]="no")
```

3）最后计算实际订阅率。在数据表"bank-full"中新建一个度量值，在显示的公式输入框中输入 DAX 表达式：

```
实际订阅率 = DIVIDE([订阅的数量],([不订阅的数量]+[订阅的数量]))
```

再将该值设置为百分比的格式，如图 7-16 所示。

图 7-16　设置按百分号形式展示度量值

3. 生成仪表盘

所有的数据都准备好后，下面就可以通过仪表盘展示数据了，实现步骤如下。

1）切换到"报表"视图。

2）在可视化对象区中单击"仪表盘"按钮，将仪表盘添加到画布中。

3）将"bank-full"表中的度量值"实际订阅率"拖入到仪表盘对象字段栏的"值"框中，将度量值"目标值"拖入到"目标值"框中，如图 7-17 所示。通过仪表盘能够非常直观地展现本次电话直销活动的成功率、目标值以及实际值与目标值的差距。

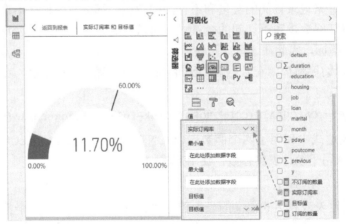

图 7-17　设置仪表盘的数据

7.3.2　折线和堆积柱形图：影响订阅率的因素

要提高电话直销的成功率，不仅需要对客户的特点有足够的了解，例如愿意订阅定期存款业务的客户的年龄范围、职业特征、婚姻状况、教育水平、违约记录、是否有贷款、存款数等，还需要对电话直销活动的方案进行优化，例如确定开展电话直销活动的月份，与客户联系的频率等。

首先通过折线和堆积柱形图来分析本次直销活动中客户的职业特征和教育水平与订阅率的关系。

1）切换到"报表"视图。

2）在可视化对象区中单击"折线和堆积柱形图"按钮，将图形添加到画布中。

3）将"bank-full"表中的字段"job"拖入到折线和堆积柱形图对象字段栏的"共享轴"框中，将度量值"订阅存款的数量"和"不订阅存款的数量"都拖入到"列值"框中，如图 7-18 所示。

4）设置折线和堆积柱形图的样式。这里将堆积条形图的数据标签、标签总数和边框设置为"开"，如图 7-19 所示。

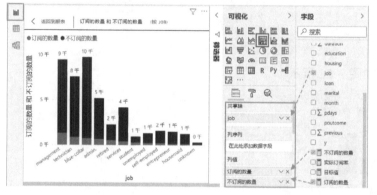

图 7-18　折线和堆积条形图　　　　　　　　　图 7-19　设置折线和堆积柱形图的样式

经过样式设置的折线和堆积柱形图如图 7-20 所示。

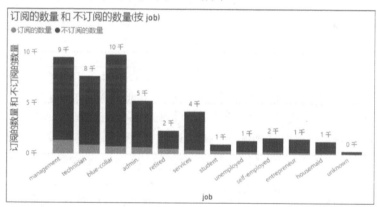

图 7-20　设置样式后的折线和堆积柱形图

由图 7-20 可知，订阅定期存款业务的客户中，职业排名前四位的分别是企业家（management）、技术员（technician）、蓝领（blue-collar）和管理（admin），那是不是意味着这四种职业的客户订阅银行定期存款业务的可能性更高呢？是不是就可以重点向这四类客户进行推销呢？其实也未必，因为不订阅的客户中职业前四位也是这几项，而且数量比订阅的多得多。以企业家为例，订阅的数量为 1300 人，不订阅的数量为 8200 人，订阅率为 1300/(1300+8200)≈13.68%。虽然企业家中购买订阅的人数相对其他职业人群较多，但是订阅率只有 13.68%，显然要说服企业家订阅是比较困难的。因此这里仅仅通过数量关系来筛选重点营销对象显然是不可行的，而订阅率指标能较为客观地说明问题。

下面就来计算一下每种职业的订阅率。使用上节中的实际购买率能很轻松地在折线和堆积柱形图中添加订阅率的折线。实现方法是将"bank-full"表中的度量值"实际订阅率"拖入到折线和堆积柱形图对象字段栏的"行值"框中，如图7-21所示。

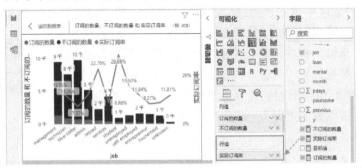

图7-21　折线和堆积柱形图中加入实际订阅率

得到的折线和堆积柱形图如图7-22所示。

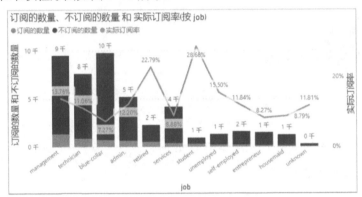

图7-22　加入实际订阅率的折线和堆积柱形图

由图7-22可知，订阅率最高的前四个职位分别是学生（student，28.68%）、退休人员（retired，22.79%）、失业人员（unemployed，15.50%）和企业家（management，13.76%）。如果想单纯提高订阅率（不考虑金额），可以对这四个职业的客户进行重点推荐。

下面分析客户的教育状况对订阅率的影响。跟教育状况相关的折线和堆积柱形图的实现方法如图7-23所示。

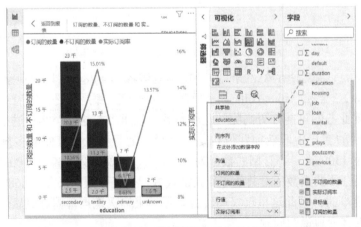

图7-23　跟教育状况相关的折线和堆积柱形图的实现方法

得到的跟教育状况相关的折线和堆积柱形图如图 7-24 所示。

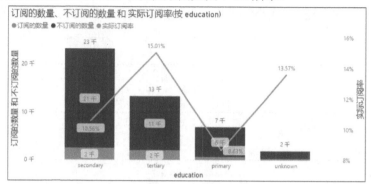

图 7-24　跟教育状况相关的折线和堆积柱形图

由图 7-24 可知，受教育程度越高的客户，订阅定期存款业务的可能性越高。

最后分析月份的选择对订阅率有没有影响。实现跟月份相关的折线和堆积柱形图的方法如图 7-25 所示。

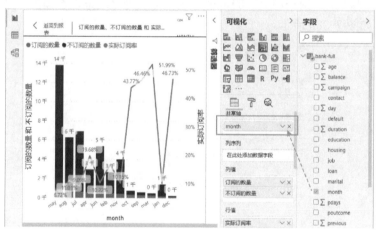

图 7-25　跟月份相关的折线和堆积柱形图的实现方法

得到的跟月份相关的折线和堆积柱形图如图 7-26 所示。

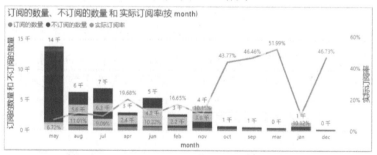

图 7-26　跟月份相关的折线和堆积柱形图

由图 7-26 可知，3 月（Mar，51.99%）、9 月（Sep，46.46%）、12 月（Dec，46.73%）和 10 月（Oct，43.77%）的订阅率显著高于其他月份。其原因可能是这几个月客户资金较为充裕，有将资金作为定期存款的需求。为了验证这种可能性，可以使用散点图展示每个月客户的平均资金额度。

1）切换到"报表"视图。

2）在可视化对象区中单击"散点图"按钮，将散点图添加到画布中。

3）将"bank-full"表中的字段"month"拖入到散点图对象字段栏的"X 轴"框中，将字段"balance"拖入到"Y轴"框和"大小"框中，并设置数据值为 balance 的平均值，如图 7-27 所示。

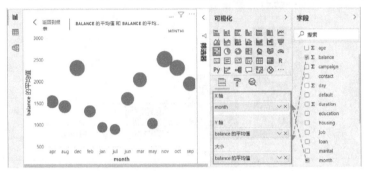

图 7-27　散点图

4）为了便于比较，可以在散点图中添加 balance 平均值的线条。选择散点图对象分析栏，找到"平均值线"项，如图 7-28a 所示。单击"平均值线"项下的"+添加"，这样散点图中就会显示一条值为"balance 的平均值"的水平虚线，可以为该线条设置颜色、透明度、线条样式和位置等样式，如图 7-28b 所示。

图 7-28　添加平均值线

a) 选择"平均值线"　b) 设置线条样式

平均值线设置完后，得到如图 7-29 所示的散点图。由图 7-29 可知，3 月（Mar）、9 月（Sep）、10 月（Oct）和 12 月（Dec）的平均存款金额确实是在平均值线之上，这进一步验证了之前的猜想。

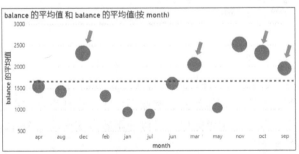

图 7-29　添加平均值线的散点图

7.3.3　簇状柱形图：是否回头客因素对订阅率的影响

7-4
簇状柱形图

一般情况下，业务员推销商品时喜欢对老顾客或回头客"下手"，因为老顾客或回头客对企业的产品质量和经营理念比较认可，忠诚度会比较高，因此当业务员向他们推销新的产品时，客户大多不会有抵触情绪，更容易基于一贯的信任而接受业务员推销的产品。本项目的数据表中有一个"poutcome"字段记录了该银行上一次对客户进行营销活动的结果，字段值为成功、失败、其他和未知 4 类。如果本次电话直销的对象是上一次营销成功的客户，那么成功率又是多少呢？是不是跟设想的一样成功率会比较高呢？下面就使用簇状柱形图来展示这些数据。

1）切换到"报表"视图。

2）在可视化对象区中单击"簇状柱形图"按钮，将图形添加到画布中。

3）将"bank-full"表中的字段"poutcome"拖入到簇状柱形图对象字段栏的"轴"框中，将度量值"实际订阅率"拖入到"值"框中，如图 7-30 所示。

4）设置簇状柱形图的样式。这里将 X 轴的"轴标题"设置为"上一次营销状态"，将数据标签和边框设置为"开"，如图 7-31 所示。

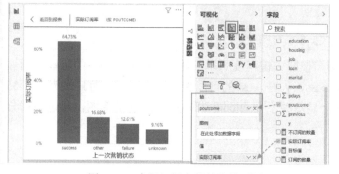

图 7-30　实际订阅率的簇状柱形图

图 7-31　设置簇状柱形图的样式

设置完后，得到如图 7-32 所示的簇状柱形图。

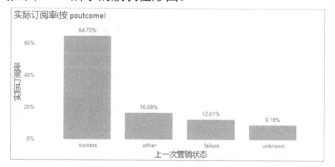

图 7-32　设置样式后的簇状柱形图

由图 7-32 可知，上一次营销状态为成功的客户中，本次订阅定期存款业务的比例高达64.73%，进一步说明了维护老顾客的重要性。

7.3.4　关键影响者图：影响订阅率的因素

项目 5 中为读者介绍了关键影响者视觉对象（又叫关键影响因素）。本项目也可以使用该视觉对象，通过 AI 对数据进行智能分析，快速找出电话直销活动中影响客户决策的关键因素。

下面创建一个研究影响客户决策的关键因素的关键影响者视觉对象。

1）在可视化对象区中单击"关键影响者"按钮，将图形添加到画布中。

2）将要研究的指标"y"字段拖入到字段栏中的"分析"框中。

3）将除"duration"和"pdays"以外的其他字段拖入到"解释依据"框中。注意，将数值型字段的汇总方式设置为"不汇总"。以上操作步骤如图 7-33 所示。

7-5
关键影响者图

图 7-33　关键影响者视图的实现方法

图 7-34 所示为生成的关键影响者图，按照关键程度列举了使"y"为"yes"的可能性增加的字段，例如如果字段 poutcome 为 success，y 是 yes 的可能性是 poutcome 为其他值的 6.55 倍。单击右侧带有"6.55x"的圆圈，就会显示关于 poutcome 和 y 关系的条形图，通过数据分析进一步为该结论提供了科学依据。

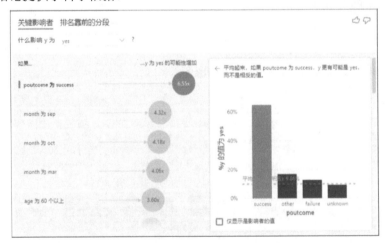

图 7-34　关键影响者图

从关键影响者图可以看出，为了让 y 为 yes 的可能性增加，可以对字段做以下设置。

1）poutcome 为 success。重点关注老顾客，因为他们中的大部分都会订阅定期存款的业务。

2）month 为 sep、oct、mar 和 dec。尽可能在 3 月、9 月、10 月和 12 月与客户联系，因为这几个月客户更愿意订阅定期存款业务，如图 7-35 所示。

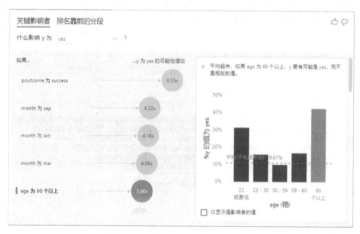

图 7-35　月份对订阅率的影响

3）age 为 60 以上或 22 以下。重点选择 60 岁以上和 22 岁以下年龄段的客户，如图 7-36 所示。

图 7-36　年龄对订阅率的影响

7-6
问答系统

7.3.5　问答系统

随着人工智能技术的快速发展，智能问答系统已经在各个领域被广泛应用。智能问答系统能够解析并理解用户输入的文字，最后给出相应的回答。Power BI Desktop 也提供了一种问答系统模块，用户输入要求后，问答系统便会自动绘制出相应的可视化图表。

问答系统不同于搜索引擎，搜索引擎面向的是整个互联网，而问答系统面向的是 Power BI 中的数据表，问答系统会根据用户的要求从数据表中抽取出对应数据并以图表的形式展示出来。

使用 Power BI Desktop 在项目中加入问答系统，操作很简单。单击可视化对象区的"问答"按钮，将问答系统加入到画布中，再设置显示格式，如图 7-37 所示，一个问答系统模块就完成了。

生成的问答系统如图 7-38 所示。

图 7-37　添加问答系统

　　如果不知道如何输入问题，可以先从问答系统提供的问题建议开始，例如单击图 7-38 中的建议"top marital by 实际订阅率"，问答系统就会给出如图 7-39 所示的答案，问题中的"marital"和"实际订阅率"是本项目数据表中的字段和度量值名称。

图 7-38　问答系统　　　　　　　　　　　　　图 7-39　问答系统给出的答案

　　下面给出几个自拟的问题，看看问答系统给出的答案是什么。需要注意的是，目前 Power BI 的问答系统只能解析英文，因此输入的问题必须是英文的。

　　1）客户的平均年龄是多少？转换为英文可以是"average age"或"age average"，得到的效果如图 7-40 所示。

　　2）按客户的职业显示订阅定期存款业务的数量。转换为英文是"订阅的数量 by job"，注意，这里的"订阅的数量"是一个度量值的名称，问答系统无法理解它的含义，得到的效果如图 7-41 所示。

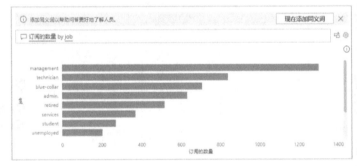

图 7-40　询问客户的平均年龄　　　　　　　　图 7-41　询问订阅的数量

　　3）使用饼图显示订阅客户的教育水平。转换为英文是"education by 订阅的数量 with pie"，得到的效果如图 7-42 所示。

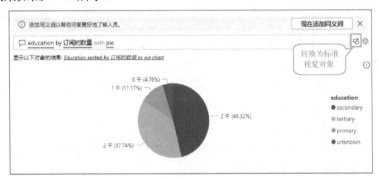

图 7-42　询问订阅客户的教育水平

　　另外，问答系统给出的结果可以转化为标准视觉对象，单击图 7-42 右上角的"转换"按钮，就得到了如图 7-43 所示的饼图。

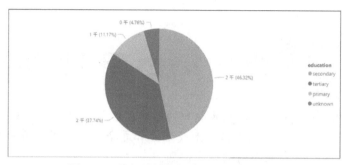

图 7-43 将问答结果转化为标准视觉对象

小结

本项目通过使用 Power BI Desktop 完成银行客户营销数据的处理和可视化报告。

在数据预处理阶段，通过 Power BI Desktop 的 Power Query 编辑器完成了对以分号为间隔符的数据的处理。

在数据分析和可视化阶段，使用仪表盘展示了实际订阅率和目标值的关系和距离。使用折线和堆积条形图从职业、教育程度和年份这几个维度揭示了影响订阅率的主要因素。使用簇状条形图揭示了是否回头客因素对订阅率的影响。使用关键者影响图的 AI 智能模块进一步印证提高营销成功率的指标。最后使用问答系统遵照用户的要求从数据表中抽取出对应数据并以图表的形式展示出来。

课后习题

操作题：现有一个与幸福感有关的数据集，数据集中通过个体变量（性别、年龄、地域、职业、健康、婚姻与政治面貌等）、家庭变量（父母、配偶、子女、家庭资产等）、社会态度（公平、信用、公共服务等）等维度，来预测其对幸福感的评价。请使用 Power BI Desktop 完成数据的预处理、分析和可视化。

（1）加载该 CSV 数据集，删除无用的列（如 id、survey_time 以及大部分是空白数据的列）。

（2）使用特征的平均值填充对应的缺失值。

（3）在幸福级别这一列（happiness）中，将值-8 更改为 3（-8 表示无法回答，使用幸福感居中的 3 替换）。

（4）使用卡片图展示一些关键指标数据，有平均幸福感指数、平均年龄和平均收入。

（5）使用条形图分析城市和农村的幸福指数（城市：survey_type=1，农村：survey_type=2）。

（6）创建一个用于研究影响人们的幸福感关键驱动因素的关键影响者视觉对象，并说明影响幸福感的主要特征是哪些。

（7）创建一个问答系统，用户输入简单的问题，问答系统自动给出数据并显示对应的可视化图表。至少实现以下问题的问答。

✓ 数据集中平均收入是多少？

✓ 使用折线图展示参与调研对象中不同教育水平的平均幸福感指数。

✓ 使用饼图展示数据集中参与调研对象中农村和城市的人数比例关系。

数据来源：中国人民大学中国调查与数据中心主持之《中国综合社会调查（CGSS）》项目。

项目 8　电商 App 用户购物行为分析

随着移动互联网的快速发展，越来越多的用户已经习惯于通过手机购物。国内诸如淘宝、京东商城等头部购物 App 的功能越来越强大和复杂，如何提高用户购物热情，提升用户黏度和返购率是摆在商家面前的现实问题。

一般情况下，用户使用 App 主要进行浏览商品、收藏商品、加入购物车以及购买等行为，如果能够通过对用户的行为进行分析，找到用户真正的痛点和需求，商家就可以有针对性地改变营销策略，调整商品结构，进而提高用户的黏度和购买意愿。

任务 8.1　项目需求分析

【项目介绍】

本项目使用 Power BI Desktop 来完成淘宝 App 用户行为数据的处理、分析与可视化工作。数据源来自阿里云天池平台，采集了淘宝 App 中某个时段的用户-商品行为数据。为了避免信息泄露，此处对用户和商品信息都做了脱敏处理。数据集中有 6 个字段，共 12 256 906 条数据，字段及说明如表 8-1 所示。

表 8-1　数据集字段及说明

字段	表示	值
user_id	用户 ID	用户 ID，经过脱敏处理
item_id	商品 ID	商品 ID，经过脱敏处理
behavior_type	用户行为类型	包括点击、收藏、加购物车和付款 4 种行为，相应的值分别为 1，2，3 和 4
user_geohash	地理位置	经过加密处理，数字和字母的组合，共 7 位，如 96nn52n
item_category	品类 ID	品类 ID
time	用户行为发生时间	年-月-日 时间

另外，本项目需要将采集到的数据集存储到 MySQL 数据库中，再通过 Power BI Desktop 连接 MySQL 数据库服务器，进行数据的提取。

本项目的任务是使用 Power BI Desktop 对数据进行分析并生成可视化报表，最终完成以下问题的解答。

1）数据集中某商品的总浏览量、购买量、用户数量和购买意向等关键指标的值是多少？

2）用户从浏览到购买的转化率是多少？如何提高购买的转化率？

3）不同时段商品的浏览量和购买量有什么规律？大力度的商品推广活动应该放在哪个时段？

4）能否将客户分为不同的类型？不同类型的客户该如何进行差异化营销？

结合以上问题，本项目最终的可视化报表如图 8-1 所示。

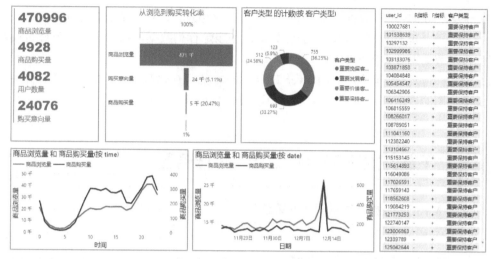

图 8-1 本项目最终的可视化报表

【项目流程】

本项目实现的流程如图 8-2 所示。

数据存储	数据预处理	数据分析和可视化
• 下载并安装MySQL数据库服务器 • 导入数据到MySQL数据库中 • PBD提取MySQL数据库表中的数据	• 删除无用的数据 • 替换数据 • 拆分日期和时间	• 多行卡 • 漏斗图 • 折线图 • 环形图

图 8-2 本项目实现流程

数据存储：本项目的数据集来源于阿里云天池平台，是一个 CSV 文件。由于电商数据具有数据量庞大又占用空间的特点，因此数据都是保存于数据库中，既方便管理、节省空间，又提高了读写效率。本项目选用 MySQL 作为数据存储的数据库。在数据存储阶段，主要完成三个任务：首先需要从 MySQL 官网中下载并安装好 MySQL 数据库服务器；然后将 CSV 文件中的数据导入到 MySQL 数据库表中；最后通过 Power BI Desktop 连接 MySQL 数据库服务器实现数据的获取。

数据预处理：主要完成删除无用的数据列，将表示类别的数字使用单词代替，最后将包含日期和时间的字符串拆分为独立的日期列和时间列，这样数据就准备好了。

数据分析和可视化：首先通多行卡展示数据集中诸如商品浏览量、用户数量、购买意向等关键指标数据；然后通过漏斗图展现用户从浏览到购买过程的转化率；接着通过折线图展示不同时段的浏览量和购买量的趋势；最后使用 RFM 模型将客户分为不同的种类，并通过环形图和表格展示出来。

【项目目标】

与项目流程相对应，本项目的学习目标如下。

数据存储：能够从官网下载并安装 MySQL 数据库服务器；能够使用 Navicat 连接 MySQL 数据库服务器并新建数据库，新建数据库表，将 CSV 文件导入到数据库表中；能够通过 Power

BI Desktop 建立与 MySQL 数据库服务器的连接，并将数据库表中的数据加载进来。

数据预处理：能对数据执行基本的预处理，如删除行列数据，按照不同的条件替换对应文字，将字符串数据拆分为多列等。

数据分析和可视化：能够使用 Power BI Desktop 的可视化对象，完成多行卡、漏斗图、折线图以及环形图的展示，包括字段添加与设置、格式效果设置等。

任务 8.2　下载并安装 MySQL 数据库服务器

下面介绍 MySQL 数据库的下载和安装过程。

1. 下载 MySQL 数据库

1）进入 MySQL 数据库官方下载网站：https://dev.mysql.com/downloads/windows/installer/，选择符合用户需要的版本，单击右侧的"Download"按钮，如图 8-3 所示。

图 8-3　MySQL 数据库官方下载网站

2）进入 MySQL 下载页面，单击"No thanks, just start my download"链接，就可立即下载，如图 8-4 所示。

图 8-4　MySQL 下载页面

2. 安装 MySQL 数据库

安装包下载完后，运行安装包，安装 MySQL 数据库。MySQL 数据库的安装比较简单，绝大部分配置设为默认值即可，但需要注意以下 3 项设置内容。

1）选择安装模式。用户根据需要可以选择 Developer Default（开发者模式）、Server only（服务器模式）、Client only（客户端模式）、完整模式（Full）以及 Custom（自定义模式）。这里选择第二项 Server only（服务器模式），如图 8-5 所示。

2）选择身份验证方式。身份验证方式有两种选择，强密码加密授权和传统加密授权，如图 8-6 所示。通常应该选择强密码加密授权，但是此处选择传统加密授权，因为一些应用程序还不支持前一种方法，如后面使用到的 MySQL 数据库管理工具 Navicat。

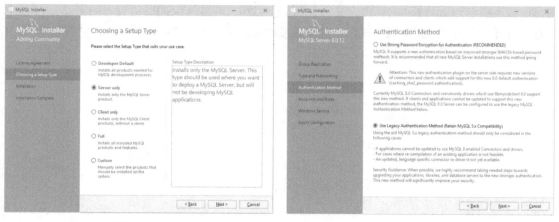

<table>
<tr><td>图 8-5　选择 MySQL 的安装模式</td><td>图 8-6　选择身份验证方式</td></tr>
</table>

3）设置管理员密码。MySQL 的管理员用户名为 root，需要为其设置密码，如图 8-7 所示。

图 8-7　设置管理员密码

任务 8.3　将数据导入到 MySQL 数据库中

MySQL 数据库服务器安装完，下面就可以建立保存数据的数据库了。Navicat 是一个强大的数据库管理和设计工具，支持 Windows、Mac OS 和 Linux。通过直观的 GUI（Graphical User Interface，图形用户界面），让用户管理 MySQL、MongoDB、SQL Server、Oracle 等数据库变得很简单。

8-1
将数据导入到 MySQL 数据库中

1. Navicat 的下载和安装

进入 Navicat 官方下载页面下载 Navicat for MySQL，下载地址为：https://www.navicat.cn/products，如图 8-8 所示。

2. 连接 MySQL 数据库服务器

Navicat 安装成功后，运行 Navicat。首先完成与 MySQL 数据库服务器的连接。在

"Navicat for MySQL"窗口中，单击"连接"按钮，在"新建连接"对话框中输入 MySQL 配置信息，如连接名为 mysql（名称自定义），密码为 1234（安装 MySQL 时设置的密码），其余按照默认设置，单击"连接测试"按钮，确保连接成功，最后单击"确定"按钮，完成与 MySQL 服务器的连接，如图 8-9 所示。

图 8-8　Navicat for MySQL 官方下载页面

3. 新建数据库

与 MySQL 数据库服务器建立连接后，就可以操作 MySQL 数据库服务器了。新建一个数据库，用于存储淘宝 App 用户行为数据。右击连接名"mysql"，在弹出的快捷菜单中选择"新建数据库"命令。在显示的"新建数据库"对话框中，分别输入数据库名、设置字符集和排序规则，单击"确定"按钮，如图 8-10 所示。

图 8-9　Navicat 连接 MySQL 数据库服务器

图 8-10　新建数据库

4. 将数据导入到数据库表中

1）右键单击数据库 taobao 下的"表"项，在弹出的快捷菜单中选择"导入向导"命令，如图 8-11 所示。

2）将数据导入到数据库表中共分 8 步，第 1 步是选择导入类型，这里选择 CSV 文件，单击"下一步"按钮，如图 8-12 所示。

3）在导入向导的第 2 步中，选择要导入的 CSV 文件，如图 8-13 所示。

4）第 3~7 步全部使用默认设置，直接单击"下一步"即可。最后一步，单击"开始"按钮，Navicat 就会进行数据导入工作，如图 8-14 所示。

5）最后更改表的名称为"user"，得到的数据如图 8-15 所示。

图 8-11　选择"导入向导"命令　　　　　　　　　　图 8-12　选择导入文件类型

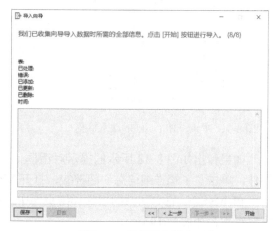

图 8-13　选择数据源文件　　　　　　　　　　图 8-14　进行数据导入工作

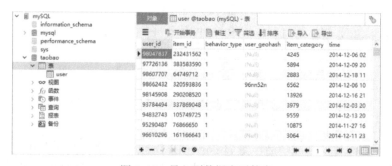

图 8-15　导入到数据库后的表

任务 8.4　数据获取

当把数据集存储到 MySQL 数据库后，就可以使用 Power BI Desktop 连接 MySQL 数据库服务器，并从数据库表中获取数据了。实现步骤主要有以下几步。

8-2
数据获取

1）打开 Power BI Desktop，单击"主页"选项卡中的"获取数据"下拉按钮，在弹出的下拉列表中选择最下面的"更多"选项，如图 8-16 所示。

2）在弹出的"获取数据"对话框的"数据库"列表框中选择"MySQL 数据库"，单击"连接"按钮，如图 8-17 所示。

图 8-16　Power BI Desktop 获取数据　　　　　　　图 8-17　选择 MySQL 数据库

如果弹出如图 8-18 所示的提示对话框，说明 Power BI Desktop 缺少连接 MySQL 数据库的组件，单击"了解详细信息"超链接，打开 MySQL 官方网站的组件详细页面。

在 MySQL 官方网站的组件详细页面中，单击"Download"按钮，下载并安装 MySQL 数据库组件，如图 8-19 所示。

图 8-18　缺少 MySQL 组件的提示对话框　　　　　　图 8-19　下载 MySQL 组件

MySQL 数据库组件安装成功后，重启 Power BI Desktop，重新执行步骤 1）和 2）。

3）在弹出的"MySQL 数据库"对话框中，设置服务器地址和数据库信息。这里设置服务器地址为"localhost:3306"，数据库名称为"taobao"，单击"确定"按钮，如图 8-20 所示。

4）在弹出的对话框中，设置 MySQL 数据库的用户名和密码。这里设置的用户名为 root，密码为 1234，单击"连接"按钮，如图 8-21 所示。

5）在如图 8-22 所示的"导航器"对话框中，选中数据库 taobao 下的表 user，表中的数据就会显示在右侧。由于需要对加载进来的数据做进一步的处理，因此需要单击"转换数据"按钮，打开 Power Query 编辑器，如图 8-23 所示。

图 8-20 设置服务器地址和数据库名称

图 8-21 设置用户名和密码

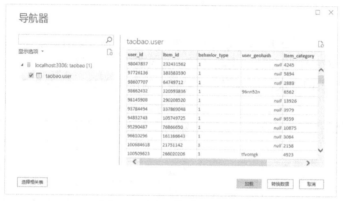

图 8-22 选择数据库下的表

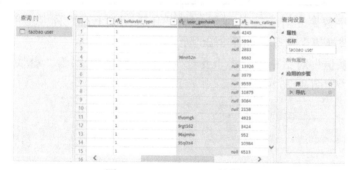

图 8-23 Power Query 编辑器

任务 8.5 数据预处理

前面的任务完成了从 MySQL 数据库中获取数据的工作，下面在 Power Query 编辑器中完成数据的预处理。根据所提供数据的实际情况，需要对数据完成以下数据处理工作。

8-3
数据预处理

1. 删除 user_geohash 列

由图 8-24 所示的数据可知，"user_geohash"列中大部分值都为空，而且数据是经过加密的，信息量太少，需要将该列删除。在该列的列名上单击右键，在弹出的快捷菜单中选择"删除"命令，完成列的删除。

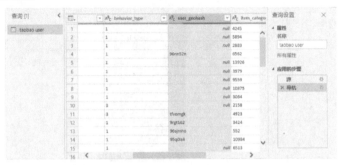

图 8-24　Power Query 编辑器中的数据表

2. 替换数据

数据集中有一个名为"behavior_type"的列，记录了用户使用淘宝 App 时的各种行为，分别使用 1、2、3、4 表示浏览商品、收藏商品、加入购物车以及购买商品这 4 种行为。为了能够更好地理解数字所代表的含义，可以将数字替换为对应的英文，如表 8-2 所示。

表 8-2　行为类型中数字和英文的对应关系

behavior_type	英文表示	描述
1	pv	浏览商品
2	fav	收藏商品
3	cart	加购物车
4	buy	购买商品

实现将不同数字替换为对应文字的方法是在"behavior_type"列名上单击右键，在弹出的快捷菜单中选择"替换值"命令，如图 8-25 所示。

在弹出的"替换值"对话框中，将"要查找的值"设置为"1"，"替换为"设置为"pv"，单击"确定"按钮，如图 8-26 所示。

图 8-25　选择"替换值"命令

图 8-26　"替换值"对话框

这样所有值为 1 的单元格全部被替换为"pv"了，如图 8-27 所示。

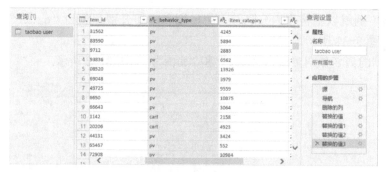

图 8-27　替换完成的数据表

按照上述替换方法，将"2""3""4"分别替换为"fav""cart""buy"。

3. 拆分日期和时间

数据集中还有一个列为"time"的字段，记录了用户操作淘宝 App 的日期和时间，是字符串类型，日期和时间之间通过空格分隔，如图 8-28 所示。由于日期和时间是进行数据分析和可视化工作需要的重要字段，因此这里需要将"time"列拆分为两列，即日期和时间。

	▼	A^B_C behavior_type	▼	A^B_C item_category	▼	A^B_C time	▼
2		pv		5894		2014-12-09 20	
3		pv		2883		2014-12-18 11	
4		pv		6562		2014-12-06 10	
5		pv		13926		2014-12-16 21	
6		pv		3979		2014-12-03 20	
7		pv		9559		2014-12-13 20	
8		pv		10875		2014-11-27 16	
10		cart		2158		2014-12-05 23	
11		cart		4923		2014-12-08 17	
12							

图 8-28　"time"字段

1）选中"time"列，在"主页"选项卡中单击"拆分列"，在弹出的下拉列表中选择"按分隔符"，如图 8-29 所示。

2）打开"按分隔符拆分列"对话框，在"选择或输入分隔符"下拉列表框选择"自定义"，再在下面的文本框中输入一个空格，在"拆分位置"选项组中，选择"最左侧的分隔符"单选按钮，其余使用默认选项，单击"确定"按钮，如图 8-30 所示。

图 8-29　拆分日期和时间

图 8-30　"按分隔符拆分列"的对话框

这样"time"列就以空格作为分隔符,将日期和时间分别存放到"time.1"和"time.2"这两个字段中,如图 8-31 所示。

3)将这两列的列名分别更改为"date"和"time",如图 8-32 所示。

图 8-31	拆分后的列	图 8-32	更改列名

数据处理完后,单击"主页"选项卡中的"关闭并应用"按钮。下面就可以对处理后的数据进行分析,并使用 Power BI Desktop 的可视化对象形象化地展示数据了。

任务 8.6 数据分析和可视化

8.6.1 多行卡:关键指标数据

无论什么行业,总有一些关键指标数据是人们特别关心的,例如学生成绩数据中的平均分、最高分和最低分,财务报表数据中的营业收入、净利润、净利率等。而在本项目的淘宝 App 用户行为数据中,商品浏览量、用户数量、商品购买量以及购买意向量等则是决策者关心的关键指标数据,可以将这些关键指标的统计结果使用 Power BI Desktop 的卡片图展示出来,也可以使用另外一个可视化对象——多行卡展示。多行卡与卡片图的区别是一张多行卡可以展示多个数据,而一张卡片图只能展示一个数据。

下面在"taobao user"表中使用 DAX 表达式生成商品浏览量、用户数量、商品购买量和购买意向量这 4 个关键指标的度量值。

1. 生成商品浏览量的度量值

在"taobao user"表中共有 50 万条数据,每条数据记录了用户的一种行为,即浏览商品、收藏商品、加入购物车或购买商品,因此只需要筛选出用户浏览商品的数据,再统计数量就可以得到商品浏览量。

在"数据"视图中,右键单击"taobao user"表,在弹出的快捷菜单中,选择"新建度量值"命令,如图 8-33 所示。

图 8-33 新建商品浏览量的度量值

在显示的公式输入框中输入 DAX 表达式：

> 商品浏览量 = CALCULATE(COUNT('taobao user'[behavior_type]),'taobao user'[behavior_type]="pv")

在商品浏览量的 DAX 表达式中使用了两个函数：COUNT 函数和 CALCULATE 函数。COUNT 函数用于统计列的单元格数目（包含非空值），使用方法如下所示。

> COUNT（<列名>)

其中，参数<列名>为要计数的列。列的类型可以为数字型、日期型或字符串型。

COUNT('taobao user'[behavior_type])表示统计"behavior_type"列的数量。而 CALCULATE 函数有两个参数，第二个参数是一个筛选器，用于筛选表中的数据，这里通过'taobao user'[behavior_type]="pv"得到了用户行为为"pv"（即浏览商品）的数据，再通过第一个参数（即 COUNT 函数）计算出浏览商品的数据数量，即商品浏览量。

2. 生成商品购买量的度量值

商品购买量与商品浏览量的计算方法一样，在"taobao user"表中新建一个名为商品购买量的度量值，在显示的公式输入框中输入 DAX 表达式：

> 商品购买量 = CALCULATE(COUNT('taobao user'[behavior_type]),'taobao user'[behavior_type]="buy")

3. 生成用户数量的度量值

用户数量的统计比较简单，只要统计字段"user_id"中非重复值的数量即可。DISTINCTCOUNT 函数就是用于统计非重复值的数量的，使用方法如下所示。

> DISTINCTCOUNT（<列名>)

DISTINCTCOUNT 函数包括对空白值的统计，如果要跳过空白值，可以使用 DISTINCTCOUNTNOBLANK 函数。

在"taobao user"表中新建一个名为用户数量的度量值，在显示的公式输入框中输入 DAX 表达式：

> 用户数量 = DISTINCTCOUNT('taobao user'[user_id])

4. 生成购买意向量的度量值

一般认为用户将商品加入购物车或者收藏商品的行为即表示其具有意向购买，要计算购买意向量，可以新建一个度量值，在显示的公式输入框中输入 DAX 表达式：

> 购买意向量 = CALCULATE(COUNT('taobao user'[behavior_type]),'taobao user'[behavior_type]="fav" || 'taobao user'[behavior_type]="cart")

定义了关键指标的度量值后，就可以使用多行卡实现商品浏览量、商品购买量、用户数量以及购买意向量的可视化展示了。实现步骤如下。

1）切换到"报表"视图。

2）在可视化对象区中单击"多行卡"按钮，将多行卡添加到画布中。

3）将"taobao user"表中的度量值"商品浏览量""商品购买量""用户数量"依次拖入到多行卡对象字段栏的"字段"框中，如图 8-34 所示。

4）对多行卡的样式进行设置。这里对多行卡的数据标签、类别标签和卡片图边框进行设置，如图 8-35 所示。

图 8-34　添加多行卡的字段

设置完后，得到如图 8-36 所示的多行卡。

图 8-35　设置多行卡的样式

图 8-36　多行卡的最终样式

8.6.2　漏斗图：从浏览到购买的转化率

对于电商而言，都希望能够尽量多地将访客浏览商品的行为转化为购买意向的行为，最终转化为购买行为。可以使用转化率来衡量转化的效果。表 8-3 中列举了用户从浏览商品、收藏商品、加购物车、购买商品的数量。

从浏览商品到有购买意向的转化率是：(10030+14046)/470996=5.11%。

从有购买意向到购买商品的转化率是：4928/(10030+14046) = 20.5%。

表 8-3　不同行为的数量

用户行为	数量	行为阶段
浏览商品	470996	浏览阶段
收藏商品	10030	意向阶段
加购物车	14046	
购买商品	4928	购买阶段

Power BI Desktop 中的漏斗图能够跟踪销售转化的情况，例如跟踪商品从推广到购买转化的业务流程。它适用于有顺序、多阶段的流程分析，通过各流程的数据转化，以及初始阶段和最终目标的差距，快速发现问题所在。

从浏览到购买的转化率的漏斗图的实现步骤如下。

1）切换到"报表"视图。

2）在可视化对象区中单击"漏斗图"按钮，将漏斗图添加到画布中。

3）将"taobao user"表中的"behavior_type"拖入到漏斗图对象字段栏的"组"框中，将"user_id"拖入到"值"框中，这样就会按照"behavior_type"进行分组统计每组数据的数量，最后按照降序以漏斗图的形式展示出来，如图 8-37 所示。

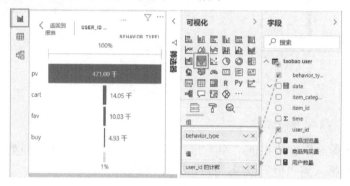

图 8-37　添加漏斗图

4）对漏斗图的样式和属性进行设置。这里对漏斗图的数据标签、标题和边框进行设置，如图 8-38 所示。

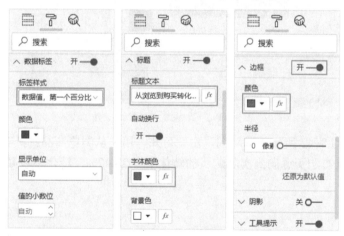

图 8-38　设置漏斗图的样式

设置完后，得到如图 8-39 所示的漏斗图，它展示了用户从浏览、加购物车、收藏再到购买的整个流程的数据和转化率。

需要注意的是，漏斗图中每一项的百分比值都是基于第一项 pv 计算得到的，如果想得到基于前一项的比值，可以将漏斗图的标签样式设置为"数据值，以前的百分比"，如图 8-40 所示。

如果想要展示浏览商品→有购买意向→购买商品流程的漏斗图，就需要将收藏商品和加购物车这两项合并起来。

首先在"taobao user"表中新建一个名为"购买意向量"的度量值，在显示的公式输入框中输入 DAX 表达式：

```
购买意向量 = CALCULATE(COUNT('taobao user'[behavior_type]),'taobao user'
[behavior_type]="fav" || 'taobao user'[behavior_type]="cart")
```

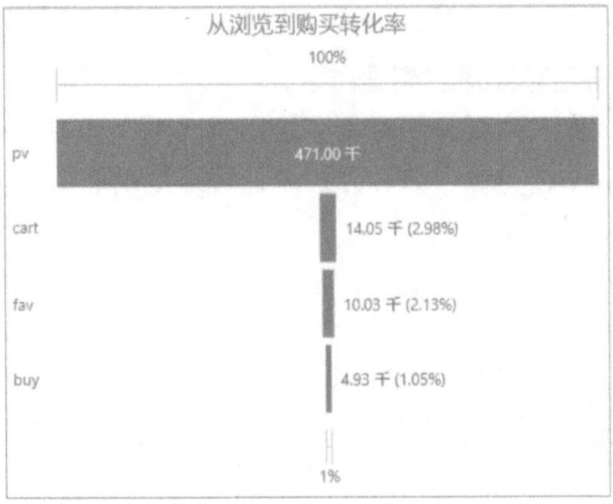

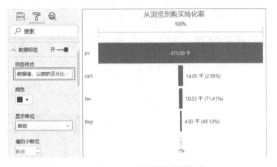

图 8-39 漏斗图的最终样式

图 8-40 设置标签样式

然后清除漏斗图对象字段栏的"组"框中的数据，分别将"商品浏览量""购买意向量""商品购买量"分别拖入到"值"框中，如图 8-41 所示。

图 8-41 重新设置漏斗图的字段

最后就得到如图 8-42 所示的漏斗图，由此可知，用户从浏览商品到具有购买意向的转化率只有 5.11%，而由具有购买意向到实际购买的转化率有 20.47%，转化率较高。

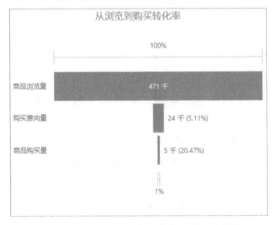

图 8-42 按三种行为计算得到的漏斗图

8-6
折线图：不同时段的浏览量和购买量

8.6.3 折线图：不同时段的浏览量和购买量

商家为了尽可能留住顾客并促使其消费，还需要了解用户在时间维度上的购物习惯。试想如果商家在凌晨两三点或者早上六七点向用户大力推荐商品，开展各种促销活动，效果肯定会不理想，因为大部分的顾客都在休息或者忙于上学或上班呢。那么，用户一般会在什么日期和时间段打开 App 浏览和购买商品呢？折线图有助于分析出用户的这些习惯了。

首先按照日期维度来绘制商品浏览量和商品购买量的折线图。使用 Power BI Desktop 实现折线图比较简单，在项目 5 中已经介绍过。

1）在可视化对象区中单击"折线图"按钮，将折线图添加到画布中。

2）设置折线图对应的 X 轴和 Y 轴的数据，方法是将"taobao user"表中的字段"date"拖入到折线图对象字段栏的"轴"框中，将字段"商品浏览量"拖入到"值"框中，将字段"商品购买量"拖入到"次要值"框中，如图 8-43 所示。

另外，需要将"轴"选项组中的"date"的显示形式由默认的"日期层次结构"改为"date"，如图 8-44 所示。

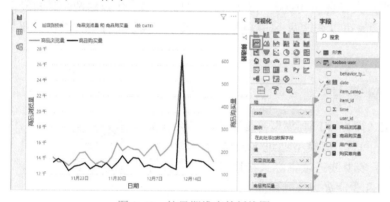

图 8-43　按日期维度的折线图

图 8-44　设置 date 的显示形式

3）设置折线图的样式，这里不再赘述。最后得到的折线图如图 8-45 所示。

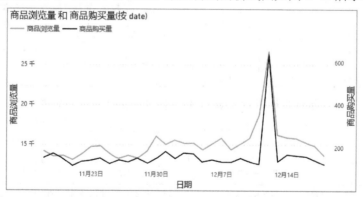

图 8-45　设置样式后的折线图

由图 8-45 不难看出，在 11 月 18 日—12 月 18 日这一个月的时间内，商品的浏览量和购买量整体是比较平稳的，但是在 12 月 12 日这一天浏览量和购买量呈暴涨的态势。主要原因是淘宝在"双十二"这一天做了大规模的促销活动，为此商家在"双十二"到来之前就应该着手进行大规模的广告投放和预热活动，为"双十二"的到来做好宣传、推广和引流。事实上，淘宝也确实是这么做的。

再按照时间维度来绘制商品浏览量和商品购买量的折线图。具体实现方法和前面按照日期维度绘制折线图一样，不同的是，将折线图对象字段栏的"轴"框设置为"time"字段，得到如图 8-46 所示的折线图。

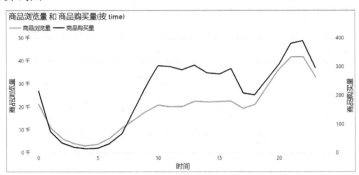

图 8-46　按时间维度的折线图

由图 8-45 可以看出,用户大多会在 10:00—15:00 以及 21:00—22:00 点这两个时间段打开淘宝 App 浏览和购买商品,商家可以在这两个时间段通过游戏、红包和直播等方式加大商品促销和推广力度。

8.6.4　环形图: RFM 模型

RFM 客户价值分析模型(简称 RFM 模型)是衡量客户价值和客户创利能力的重要工具和手段。该模型通过客户的近期购买行为、购买的总体频率以及花了多少钱三项指标来描述该客户的价值状况。这三项指标的具体含义和说明如表 8-4 所示。

8-7
环形图: RFM
模型

表 8-4　RFM 指标的含义和说明

指标	含义	说明	指标记号
R(Recency)近度	客户最近一次交易时间的间隔	R 越小,表示客户最近一次交易发生的日期越近,价值也越高	小于均值:"+" 大于均值:"–"
F(Frequency)频度	客户最近一段时间内交易的次数	F 越大,表示客户交易越频繁,反之则表示客户交易不够活跃	小于均值:"–" 大于均值:"+"
M(Monetary)额度	客户最近一段时间内交易的金额	M 越大,表示客户价值越高,反之则表示客户价值越低	

RFM 模型的三项指标有 8 种组合,表示 8 种不同的客户类型,如表 8-5 所示。

表 8-5　不同 RFM 指标对应的 8 种客户类型

序号	R	F	M	客户类型	策略
1	+	+	+	重要价值客户	属于 VIP 客户,应重点关注,及时跟踪
2	+	–	+	重要发展客户	属于忠诚度不高但是有潜力的客户,应重点发展
3	–	+	+	重要保持客户	属于有一段时间没来的忠诚客户,需要主动保持联系
4	–	–	+	重要挽留客户	属于将要或已经流失的客户,应采取挽留措施
5	+	+	–	一般价值客户	
6	+	–	–	一般发展客户	属于"一般"客户,对其重视程度应低于上述 4 类重要客户
7	–	+	–	一般保持客户	
8	–	–	–	一般挽留客户	

通过三维图可以更清晰地展示 RFM 模型的 8 种不同客户类型,如图 8-47 所示。

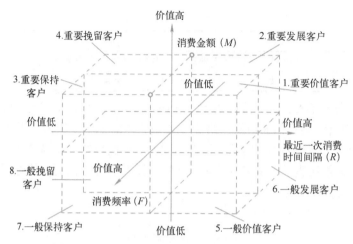

图 8-47　用三维图展示 RFM 模型的 8 种客户类型

由于本项目的"taobao user"表中没有消费金额相关数据，因此在使用 RFM 模型时，可以忽略 M，仅从 R 和 F 两个维度来划分客户类型，如表 8-6 所示。

表 8-6　忽略 M 指标的 4 种客户类型

R	F	客户类型	策略
+	+	重要价值客户	属于 VIP 客户，应重点关注，及时跟踪
+	−	重要发展客户	属于忠诚度不高，但是又有潜力的客户，应重点发展
−	+	重要保持客户	属于有一段时间没来的忠诚客户，需要主动保持联系
−	−	重要挽留客户	属于将要或已经流失的客户，应采取挽留措施

下面的任务就是计算每个客户的 R 和 F 指标值了。由于只需计算购买过商品的客户的 R 和 F 值，因此可以新建一张 RF 表，只保留用户行为是"buy"（购买）的用户。

1.　新建 RF 表

1）切换到"数据"视图。

2）在"表工具"选项卡中单击"新建表"按钮，在显示的公式输入框中输入 DAX 表达式：

```
RF 表 = SUMMARIZE(
FILTER('taobao user','taobao user'[behavior_type]="buy"),
'taobao user'[user_id],
"购买次数",
COUNT('taobao user'[behavior_type]),
"末次消费日期",
MAX('taobao user'[date])
)
```

该 DAX 表达式中使用了 4 个函数，FILTER 函数实现数据的筛选，返回用户行为为"购买"的数据；COUNT 函数实现对数量的统计；MAX 函数实现获取某个字段的最大值；SUMMARIZE 函数的功能是根据设定的条件返回新的摘要表，其函数说明如表 8-7 所示。

表 8-7　SUMMARIZE 函数说明

参数名称	描述
表名	原表
列名	分组依据，新表将根据原表的某个列进行分组汇总

（续）

参数名称	描述
新列名	可选参数。为新表创建的新列，列的值根据表表达式计算得到
表达式	可选参数。要进行聚合计算的函数，必须与新列名成对出现

上述建立 RF 表的 DAX 表达式中的 SUMMARIZE 函数共有 6 个参数：第 1 个参数使用 FILTER 函数筛选出有购买行为的数据；第 2 个参数将 "user_id" 作为分组依据进行分组；第 3 个参数为 RF 表新建了一个名为 "购买次数" 的列，该列的值通过第 4 个参数 COUNT 函数统计得到的；第 5 个参数新建了一个名为 "末次消费日期" 的列，该列的值通过第 6 个参数 MAX 函数获得。整个过程如图 8-48 所示。

图 8-48　新建 RF 表

RF 表中共有 3 列数据，第 1 列 "user_id" 表示用户 ID；第 2 列 "购买次数" 表示某个用户购物的次数，即 F 值；第 3 列 "末次消费日期" 表示某个用户最后一次购买商品的日期，为计算 R 值做准备。

2. 计算 F 指标的值

RF 表中的 "购买次数" 列记录了 F 值的大小，下面还需要以 F 值的平均值为分界线，将 F 指标划分为平均值以上（"+"）和平均值以下（"-"）。

在 "数据" 视图中，选择 "RF 表"，在 "表工具" 选项卡中，单击 "新建列" 按钮，在显示的公式输入框中输入 DAX 表达式：**F 指标 = IF('RF 表'[购买次数]>AVERAGE('RF 表'[购买次数]),"+","-")**，如图 8-49 所示。

图 8-49　计算 F 指标的值

该 DAX 表达式涉及 2 个函数，其中的 IF 函数是一个逻辑函数，实现逻辑判断功能，其使用方法如下所示。

IF(<表达式>，<返回值 1>[，<返回值 2>])

IF 函数的参数及其说明如表 8-8 所示。

表 8-8　IF 函数的参数及其说明

参数名称	描述
表达式	计算结果是 TRUE 或 FALSE 的任何值或表达式
返回值 1	表达式结果为 TRUE 时返回的值
返回值 2	表达式结果为 FALSE 时返回的值

AVERAGE 函数用于计算某个字段的平均值，其使用方法如下所示。

AVERAGE(<列名>)

3. 计算 R 指标的值

R 值表示客户最近一次交易时间的间隔，本项目将 "taobao user" 表中最晚日期即 12 月 18 日作为当前日期，计算每个客户最近一次交易时间的间隔。

在 "数据" 视图中，选择 "RF 表"，在 "表工具" 选项卡中，单击 "新建列" 按钮，在显示的公式输入框中输入 DAX 表达式：

最近购买时间间隔 = IF(ISBLANK([末次消费日期]),0, (DATEDIFF('RF 表'[末次消费日期],DATE(2014,12,18),day)))，如图 8-50 所示。

图 8-50　最近购买时间间隔的 DAX 表达式

该 DAX 表达式涉及 4 个函数，其中，DATE 函数可以将年、月、日组合起来得到日期型数据，使用方法如下所示。

DATE(<年>，<月>，<日>)

DATE(2014,12,18) 表示将 2014,12,18 转换为日期型数据。

DATEDIFF 函数用于计算两个日期之间的间隔数，使用方法如下所示。

DATEDIFF(<日期/时间 1 >，<日期/时间 2 >，<时间单位>)

DATEDIFF 函数的参数及其说明如表 8-9 所示。DATEDIFF('RF 表'[末次消费日期],DATE(2014,12,18),day) 表示将 RF 表中的字段 "末次消费日期" 值与 2014 年 12 月 18 日进行比较，计算它们之间的间隔天数。

表 8-9　DATEDIFF 函数的参数及其说明

参数名称	描述
日期/时间 1	日期/时间值
日期/时间 2	日期/时间值
时间单位	时间间隔的单位。可以是下列任一值：SECOND、MINUTE、HOUR、DAY、WEEK、MONTH、QUARTER、YEAR

ISBLANK 函数检查值是否为空白。最后使用 IF 函数进行如下判断：如果"末次消费日期"为空，则返回 0，否则返回距离 2014 年 12 月 18 日的间隔天数。

下面就可以计算 R 指标的值了，如果"最近购买时间间隔"小于其平均值，则用"+"表示，否则使用"−"表示。

在"数据"视图中，选择"RF 表"，在"表工具"选项卡中，单击"新建列"按钮，在显示的公式输入框中输入 DAX 表达式：**R 指标 = IF('RF 表'[最近购买时间间隔]<AVERAGE('RF 表'[最近购买时间间隔]),"+","−")**，如图 8-51 所示。

图 8-51　计算 R 指标的值

4．添加"客户类型"列

得到 F 指标和 R 指标的值后，就可以按照表 8-16 来确定用户类型了。

在"数据"视图中，选择"RF 表"，在"表工具"选项卡中，单击"新建列"按钮，在显示的公式输入框中输入 DAX 表达式：**客户类型 = SWITCH('RF 表'[R 指标]&'RF 表'[F 指标],"++","重要价值客户","-+","重要保持客户", "+-","重要发展客户","--","重要挽留客户")**，如图 8-52 所示。

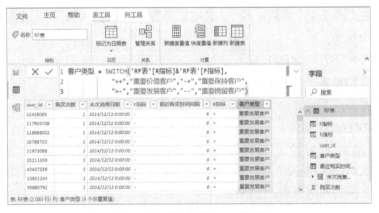

图 8-52　客户类型的 DAX 表达式

在客户类型的 DAX 表达式中，使用 SWITCH 函数实现根据 RF 指标值确定对应的客户类型，这与编程语言中的 switch 语句的功能是一样的。SWITCH 函数的使用方法如下所示。

SWITCH(<表达式>，<常量值 1>，<结果 1>[，<常量值 2>，<结果 2>]…[，<else>，<结果 n>])

其功能是返回一个标量值，如果表达式与某个常量值匹配，则返回值为匹配的常量值对应的结果，如果表达式与任何常量值都不匹配，则返回值为 else 语句的结果。SWITCH 函数的参数及其说明如表 8-10 所示。

表 8-10　SWITCH 函数的参数及其说明

参数名称	描述
表达式	返回单个标量值的任何 DAX 表达式
常量值 1	与表达式的结果相匹配的常量值
结果 1	当表达式的结果与常量值 1 匹配时，返回结果 1

最后得到的完整的 RF 表如图 8-53 所示。

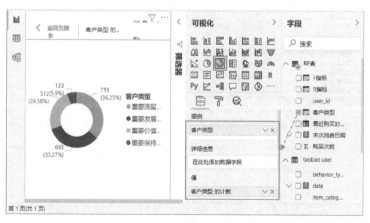

user_id ▾	购买次数 ▾	末次消费日期 ▾	F指标 ▾	最近购买时间间隔 ▾	R指标 ▾	客户类型 ▾
12428085	1	2014/12/12 0:00:00	-		6	+	重要发展客户
117903708	1	2014/12/12 0:00:00	-		6	+	重要发展客户
118986002	1	2014/12/12 0:00:00	-		6	+	重要发展客户
16788720	1	2014/12/12 0:00:00	-		6	+	重要发展客户
21973088	1	2014/12/12 0:00:00	-		6	+	重要发展客户
25211339	1	2014/12/12 0:00:00	-		6	+	重要发展客户
42427256	1	2014/12/12 0:00:00	-		6	+	重要发展客户
13851244	1	2014/12/12 0:00:00	-		6	+	重要发展客户
39880792	1	2014/12/12 0:00:00	-		6	+	重要发展客户
53899840	1	2014/12/12 0:00:00	-		6	+	重要发展客户
40456641	1	2014/12/12 0:00:00	-		6	+	重要发展客户
104792616	1	2014/12/12 0:00:00	-		6	+	重要发展客户

图 8-53　完整的 RF 表

创建完 RF 表后，就可以使用 Power BI Desktop 的环形图和表格将客户类型展示出来了。

5. 使用环形图展示客户类型的占比

1）切换到“报表”视图。

2）在可视化对象区中单击“环形图”按钮，将环形图添加到画布中。

3）将 RF 表中的“客户类型”拖入到环形图对象字段栏的“图例”框和“值”框中，如图 8-54 所示。

图 8-54　生成客户类型的环形图

得到的客户类型的环形图如图 8-55 所示。

6. 使用表格展示所有客户类型

1）切换到“报表”视图。

2）在可视化对象区中单击“表格”按钮，将表格添加到画布中。

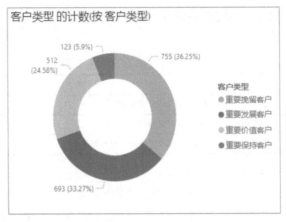

图 8-55　客户类型的环形图

3）分别将 RF 表中的"user_id""R 指标""F 指标""客户类型"字段拖入到表格对象字段栏的"值"框中，如图 8-56 所示。

得到的 RF 指标表格如图 8-57 所示。

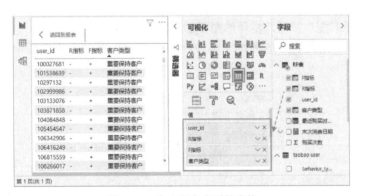

图 8-56　生成客户类型的表格　　　　　　　　　　　　图 8-57　RF 指标表格

小结

本项目通过使用 Power BI Desktop 完成淘宝 App 用户购物行为数据的处理和可视化报告。

在数据预处理阶段，通过 Power BI Desktop 的 Power Query 编辑器完成删除无用的列、将用户行为使用英文来表示、将日期和时间拆分为两列等数据处理工作。

在数据分析和可视化阶段，使用多行卡展示商品浏览量、用户数量、商品购买量以及购买意向量等关键指标数据；使用漏斗图展示用户从浏览到购买的转化率；使用折线图展示不同时段的浏览量和购买量；最后介绍 RFM 客户价值分析模型，这是衡量客户价值和客户创利能力的重要工具和手段，并使用环形图展示 4 种不同客户类型的比例关系。

课后习题

操作题

1. 现有一个日化用品销售的 Excel 数据集，包含销售订单表和商品信息表。请使用 Power BI Desktop 完成数据的预处理、分析和可视化。

（1）将 Excel 文件中的销售订单表和商品信息表存储到 MySQL 数据库中。

（2）将 MySQL 数据库中的销售订单表和商品信息表加载到 Power BI Desktop 中。

（3）将销售订单表中的字段"订单日期"的数据类型转换为日期型。

（4）通过两张表中的"商品编号"字段建立两个表之间的联系。

（5）以省为单位，计算各省总订购数、总金额、平均订购单价以及总利润，并通过表格展示。

（6）计算不同商品各小类的总销量，并使用环形图展示各小类的占比情况。

（7）统计销量 top5 的商品，并使用簇状条形图展示出来。

（8）生成省份、商品小类和商品大类的切片器，并通过切片器展示相应维度的统计图表。

2. 现有一个亚马逊智能产品评论数据集。请使用 Power BI Desktop 完成数据的预处理、分析和可视化。

（1）加载该 CSV 数据集，将列名由英文更改为中文。

（2）以商品为单位，计算各个商品的评论数、平均评分、好评数、差评数以及好评和差评的占比，并通过表格展示。

（3）从 Power BI 应用商店中搜索并添加 Word Cloud 词云图视觉对象，生成评价内容关键词的词云图。

（4）统计评论数前 5 的商品，并使用簇状条形图展示出来。

（5）统计一年中每个月的评论数，并通过折线图展示评论数的变化。

附录

NumPy 常用属性和函数

1. ndarray 数组对象的常用属性

NumPy 的 ndarray 数组对象的属性中记录了数组的整体情况，如元素类型、数组形状、数组维度、元素个数等，见表 A-1。

表 A-1 ndarray 数组对象的常用属性

属性名	描述
ndarray.dtype	描述数组元素的类型
ndarray.shape	以 tuple 表示的数组形状
ndarray.ndim	数组的维度数
ndarray.size	数组中元素的个数
ndarray.itemsize	数组中的元素在内存所占字节数
ndarray.T	数组的行列转置

2. 生成 ndarray 数组对象的函数

NumPy 可以将 Python 的列表、字典等数据结构转换为 ndarray 数组对象，也可以生成一些特定的 ndarray 数组对象，例如全为 1 和全为 0 的数组、$N \times N$ 的单位矩阵、均匀间隔的数组等。生成 ndarray 数组对象的函数见表 A-2。

表 A-2 生成 ndarray 数组对象的函数

方法名	描述
np.array()	将诸如列表、字典等数据结构转换为 ndarray 数组
np.ones()	生成一个全为 1 的一维或二维数组
np.zeros()	生成一个全为 0 的一维或二维数组
np.empty()	生成一个未初始化的一维数组
np.eye()	生成一个 $N \times N$ 的单位矩阵（对角线为 1，其余为 0）
np.arange()	按指定区间和步长生成一个等间隔的一维数组
np.meshgrid()	生成高纬度的网格坐标矩阵
np.inspace()	按指定区间和样本数生成一个等间隔的一维数组

3. NumPy 数学运算函数

NumPy 中包含很多有用的数学运算函数，例如三角函数、双曲函数、四舍五入函数、指数函数和对数函数等，见表 A-3。函数的参数是一个 ndarray 数组对象，可以实现对数组中的每个元素进行对应数学运算的功能。

表 A-3　NumPy 数学运算函数

	函数名	描述	函数名	描述
三角函数	np.sin()	正弦函数	np.arcsin()	反正弦函数
	np.cos()	余弦函数	np.arccos()	反余弦函数
	np.tan()	正切函数	np.arctan()	反正切函数
双曲函数	np.sinh()	双曲正弦函数	np.arcsinh()	反双曲正弦函数
	np.cosh()	双曲余弦函数	np.arccosh()	反双曲余弦函数
	np.tanh()	双曲正切函数	np.arctanh()	反双曲正切函数
四舍五入	np.round()	舍入到给定的小数位数	np.floor()	向上取整
	np.rint()	四舍五入到最接近的整数	np.ceil()	向下取整
指数和对数函数	np.log()	自然对数	np.exp(x)	e^x
	np.log2()	底为 2 的对数	np.expm1(x)	e^x-1
	np.log10()	底为 10 的对数	np.exp2(x)	2^x
	np.log1p()	底为 1+x 的对数		
绝对值、均值和平方	np.abs()	求绝对值	np.sqrt()	求非负平方根
	np.fabs()	求绝对值（非复数）	np.square()	求平方值
	np.mean()	求平均值		

4. NumPy 多元运算函数

有时多个 ndarray 数组对象之间会做一些比较和运算，如比较大小或者执行加、减、乘、除运算等。NumPy 提供多元计算的函数，见表 A-4，函数的参数就是参与比较或运算的 N 个 ndarray 数组对象。

表 A-4　NumPy 多元运算函数

函数名	描述	函数名	描述
np.add()	相加	np.dot()	矩阵乘法
np.substract()	相减	np.greater()	>
np.multiply()	相乘	np.greater_equal()	>=
np.divide()	相除	np.less()	<
np.floor_divide()	圆整除法（丢弃余数）	np.less_equal()	<=
np.power()	求幂	np.equal()	==
np.mod()	取模	np.not_equal()	!=
np.maximum()	求最大值	np.logical_and()	&
np.fmax()	求最大值（忽略 NaN）	np.logical_or()	|
np.minimun()	求最小值	np.logical_xor()	^
np.fmin	求最小值（忽略 NaN）		

5. 线性代数相关函数

NumPy.linalg 中有一组标准的矩阵分解运算以及诸如求逆和行列式之类的跟线性代数相关的函数，见表 A-5。

表 A-5　线性代数相关函数

函数名	描述
np.linalg.det( )	计算矩阵的行列式
np.linalg.eig( )	计算方阵的特征值和特征向量
np.linalg.inv( )	计算方阵的逆（如果没有逆，则会报错）
np.linalg.pinv( )	计算方阵的伪逆
np.linalg.qr( )	计算矩阵的 QR 分解
np.linalg.svd( )	计算奇异值分解
np.linalg.solve( )	计算线性矩阵方程或线性标量方程组
np.linalg.lstsq( )	计算线性矩阵方程的最小二乘解

6. NumPy 随机数函数

NumPy 可以通过随机数函数生成多种形式的随机数，如均匀分布的随机数、符合正态分布的随机数、符合 Beta 分布或 Gamma 分布的随机数等，见表 A-6。

表 A-6　NumPy 随机数函数

函数名	描述
np.seed( )	确定随机数生成种子
np.rand( )	产生 n 个均匀分布的样本值（0~1）
np.randint( )	从给定的范围内随机选取整数
np.randn( )	生成一个 $N×M×\cdots$ 的正态分布（平均值为 0，标准差为 1）的 ndarray
np.normal( )	生成一个 $N×M×\cdots$ 的正态（高斯）分布的 ndarray
np.uniform( )	产生在[min,max)范围内随机分布的一个样本值
np.beta( )	生成符合 Beta 分布的样本值，参数必须大于 0
np.gamma( )	生成符合 Gamma 分布的样本值

7. ndarray 计算与统计函数

ndarray 数组对象有若干有用的计算与统计函数，如求最大值、最小值、标准差等，见表 A-7。

表 A-7　ndarray 计算与统计函数

函数名	描述	函数名	描述
ndarray.mean( )	求平均值	ndarray.max( )	求最大值
ndarray.sum( )	求和	ndarray.min( )	求最小值
ndarray.cumsum( )	累加	ndarray.argmax( )	求最大值索引
ndarray.cumprod( )	累乘	ndarray.argmin( )	求最小值索引
ndarray.std( )	求标准差	ndarray.any( )	判断是否至少一个为 True
ndarray.var( )	求方差	ndarray.all( )	判断是否全部为 True
ndarray.dot( )	计算矩阵内积		

附录B　Pandas 常用属性和函数

1. Pandas 数据读写

Pandas 支持对多种文件格式的读写，如序列化文件 Pickle、平面文件 CSV，TXT、Excel 文件、JSON 文件、HTML 文件、HDF 文件以及数据库等，见表 B-1。

表 B-1　Pandas 数据读写函数

分类	函数名	描述
序列化数据	pd.read_pickle()	加载 Pickle 文件数据
	df.to_pickle()	将 DataFrame 保存到 Pickle 文件中
平面文件	pd.read_table()	加载通用分隔符文件
	pd.read_csv()	加载 CSV 文件数据
	df.to_csv()	将 DataFrame 保存到 CSV 文件中
剪贴板数据	pd.read_clipboard()	加载剪贴板中的文本数据
	df.to_clipboard()	将 DataFrame 保存到剪贴板中
Excel 文件	pd.read_excel()	加载 Excel 文件数据
	df.to_excel()	将 DataFrame 保存到 Excel 文件中
JSON 文件	pd.read_json()	加载 JSON 文件数据
	df.to_json()	将 DataFrame 保存到 JSON 文件中
HTML 文件	pd.read_html()	加载 HTML 文件数据
	df.to_html()	将 DataFrame 保存到 HTML 文件中
HDF 文件	pd.read_hdf()	加载 HDF 文件数据
	df.to_hdf()	将 DataFrame 保存到 HDF 文件中
	HDFStore.put()	存储对象于 HDF 文件中
	HDFStore.append()	添加目录
	HDFStore.get()	检索存储在文件中的 Pandas 对象
	HDFStore.select()	以地点为依据，检索存储在文件中的 Pandas 对象
数据库数据	pd.read_sql_table()	加载数据库中的某个表
	pd.read_sql_query()	加载使用 SQL 语句从数据库中查询的结果
	pd.read_sql()	加载数据库的表或通过 SQL 语句查询的结果
	df.to_sql()	将 DataFrame 存储到数据库的表中

2. DataFrame 常用属性

Pandas 的 DataFrame 数组对象的属性中记录了数组的整体情况，如元素类型、数组形状、数组维度、元素个数等，见表 B-2。

表 B-2　DataFrame 常用属性

属性名	描述	属性名	描述
df.values	所有元素值	df.shape	以 tuple 表示的数组形状
df.index	行索引	df.dtypes	每个字段的数据类型
df.columns	列名	df.T	数组的行列转置
df.size	元素的个数	df.ndim	数组的维度数

3. DataFrame 常用运算与统计函数

DataFrame 包含了很多与数学运算与统计相关的函数，例如绝对值、平均值、标准差、方差、协方差等，见表 B-3。

表 B-3　DataFrame 常用运算与统计函数

函数名	描述	函数名	描述
df.quantile()	计算样本的分位数	df.skew()	偏度
df.sum()	求和	df.kurt()	峰度
df.max()	求最大值	df.cumsum()	累计和
df.mean()	求平均值	df.cummin()	累计最小值
df.median()	求中位数	df.min()	求最小值
df.mad()	求平均绝对偏差	df.cummax()	累计最大值
df.var()	求方差	df.cumprod()	累计乘积
df.std()	求标准差	df.diff()	求差分
df.all()	判断是否全为真	df.pct_change()	百分比变化
df.clip()	调整输入阈值（s）	df.abs()	求绝对值
df.count()	按行列计算非 NA 元素个数	df.any()	判断是否存在为真
df.mode()	求众数	df.corr()	计算字段间的相关性
df.prod()	求乘积	df.cov()	计算协方差
df.quantile()	计算样本的分位数	df.describe()	生成描述性统计数据
df.rank()	排名	df.sem()	标准误差
df.round()	得到指定的有效小数位数	df.value_counts()	统计不同数值个数

4．DataFrame 常用数据预处理函数

数据预处理主要有数据截取、数据增删改查、缺失值处理、重复数据处理等，DataFrame 中均有对应的函数实现这些预处理的功能。

数据截取函数见表 B-4。

表 B-4　DataFrame 数据截取函数

函数名	描述	函数名	描述
df.head()	获取前 n 行数据	df.loc[]	按标签获取某个范围的数据
df.tail()	获取最后 n 行数据	df.iloc[]	按位置获取某个范围的数据
df.at[]	按标签获取单个值	df.items()	获取(key,value)的迭代器
df.iat[]	按位置获取单个值	df.keys()	获取列名
df.query()	按条件查询数据		

数据合并、追加和删除函数见表 B-5。

表 B-5　DataFrame 数据合并、追加和删除函数

函数名	描述
df.join()	根据索引合并两个 DataFrame 对象
df.merge()	根据主键（列）合并两个 DataFrame 对象
df.update()	使用指定 DataFrame 的非 NA 值修改 DataFrame 对象
df.append()	纵向追加一个 DataFrame 到末尾

（续）

函数名	描述
df.assign( )	添加新列到末尾
df.insert( )	插入数据到任意位置
df.pop( )	删除某列数据
df.drop( )	按行或列删除数据
df.drop_duplicates( )	删除重复数据
df.duplicated( )	如果元素为重复值时返回 True，否则返回 False

标签和索引设置函数见表 B-6。

表 B-6　DataFrame 标签和索引设置函数

函数名	描述	函数名	描述
df.add_prefix( )	为标签添加前缀	df.set_index( )	使用现有列设置为索引
df.add_suffix( )	为标签添加后缀	df.set_axis( )	按指定的轴设置标签
df.reindex( )	重置索引	df.rename( )	更改行列标签名

缺失值处理函数见表 B-7。

表 B-7　DataFrame 缺失值处理函数

函数名	描述	函数名	描述
df.isull( )	检测缺失值	df.interpolate( )	使用插值法填充缺失值
df.notnull( )	检测非缺失值	df.replace( )	数据替换
df.fillna( )	填充缺失值		

5. DataFrame 二元运算函数

Pandas 支持两个 DataFrame 之间的比较和运算，如比较大小或者加、减、乘、除运算等。DataFrame 二元运算函数见表 B-8。

表 B-8　DataFrame 二元运算函数

函数名	描述	函数名	描述
df.add( )	相加	df.dot( )	矩阵乘法
df.sub( )	相减	df.gt( )	>
df.mul( )	相乘	df.ge( )	>=
df.div( )	相除	df.lt( )	<
df.truediv( )	相除得到精确的商	df.le( )	<=
df.floordiv( )	圆整除法（向上取整）	df.eq ( )	==
df.power( )	求幂	df.ne( )	!=
df.mod( )	取模		

6. DataFrame 常用绘图函数

可以使用 DataFrame 中的绘图函数实现面积图、散点图、折线图、条形图、箱线图、直方图、密度估计图、六边形分箱图以及饼图的绘制。DataFrame 常用绘图函数见表 B-9。

表 B-9　DataFrame 常用绘图函数

函数名	描述	函数名	描述
df.plot.area( )	绘制堆积面积图	df.plot.kde( )	绘制核密度估计图
df.plot.bar( )	绘制垂直条形图	df.plot.line( )	绘制折线图
df.plot.barh( )	绘制水平条形图	df.plot.pie( )	绘制饼图
df.plot.box( )	绘制箱线图	df.plot.scatter( )	绘制散点图
df.boxplot( )	绘制箱线图	df.plot.hist( )	绘制直方图（每个字段的条形堆叠在一起）
df.plot.density( )	绘制核密度估计图	df.hist( )	绘制直方图（每个字段生成独立的条形）
df.plot.hexbin( )	绘制六边形分箱图		
df.plot( )	通过对参数 kind 设置不同的值，可以绘制上述所有的图形		

7．DataFrame 分组聚合函数

DataFrame 分组聚合函数见表 B-10。

表 B-10　DataFrame 分组聚合函数

函数名	描述
df.apply( )	沿着 DataFrame 的轴向应用某个函数
df.applymap( )	将一个函数应用于 DataFrame 的所有元素
df.agg( )、df.aggregate( )	沿着 DataFrame 的轴向，针对不同字段应用不同函数
df.transform( )	将一个函数应用于 DataFrame 的所有元素
df.groupby( )	对 DataFrame 进行分组，返回 GroupBy 对象

8．GroupBy 对象的常用属性和函数

DataFrame 的 groupby( )函数可以对 DataFrame 进行分组，该函数返回一个 GroupBy 对象，通过该对象中的函数可以实现按组进行数据聚合统计功能。

（1）索引和迭代函数（见表 B-11）

表 B-11　GroupBy 对象的索引和迭代函数

函数名	描述
GroupBy.groups	字典{组名称:组标签}
GroupBy.indices	字典{组名称:组索引}
GroupBy.get_group( )	根据组名获取该组的 GroupBy 对象

（2）功能性应用函数（见表 B-12）

表 B-12　GroupBy 对象的功能性应用函数

函数名	描述
GroupBy.apply( )	对 GroupBy 对象的每一组应用某个函数
GroupBy.agg( )	对 GroupBy 对象每一组的不同字段应用不同函数
GroupBy.aggregate( )	
GroupBy.transform( )	将一个函数应用于 GroupBy 对象的每一组所有元素

（3）计算与统计函数（见表 B-13）

表 B-13　GroupBy 对象的计算与统计函数

函数名	描述	函数名	描述
GroupBy.head( )	每组前 n 个数据	GroupBy.var( )	每组的方差
GroupBy.tail( )	每组最后 n 个数据	GroupBy.std( )	每组的标准差
GroupBy.sum( )	每组求和	GroupBy.cumsum( )	每组累计和
GroupBy.max( )	每组最大值	GroupBy.cummin( )	每组累计最小值
GroupBy.min( )	每组的最小值	GroupBy.cummax( )	每组累计最大值
GroupBy.mean( )	每组的均值	GroupBy.cumprod( )	每组累计乘积
GroupBy.median( )	每组的中位数	GroupBy.sem( )	每组标准误差
GroupBy.size( )	每组的数目	GroupBy.prod( )	计算组值
GroupBy.count( )	计算每组非缺失值的数目	GroupBy.all( )	判断每组是否全为真

附录C　DAX 常用函数

1. 筛选器函数

DAX 中的筛选器和值函数是最复杂且功能强大的函数，与 Excel 函数有很大的不同。 查找函数通过使用表和关系进行工作，与数据库类似。筛选器函数可用于操作数据上下文来创建动态计算，见表 C-1。

表 C-1　筛选器函数

函数名	描述
ALL( )	返回表中的所有行或列中的所有值，同时忽略可能已应用的任何筛选器
ALLCROSSFILTERED( )	清除应用于表的所有筛选器
ALLEXCEPT( )	删除表中所有上下文筛选器，已应用于指定列的筛选器除外
ALLNOBLANKROW( )	从关系的父表中，返回除空白行之外的所有行或列的所有非重复值，并且忽略可能存在的所有上下文筛选器
ALLSELECTED( )	删除当前查询的列和行中的上下文筛选器，同时保留所有其他上下文筛选器或显式筛选器
CALCULATE( )	在已修改的筛选器上下文中计算表达式
CALCULATETABLE( )	在已修改的筛选器上下文中计算表表达式
EARLIER( )	返回所述列的外部计算传递中指定列的当前值
EARLIEST( )	返回指定列的外部计算传递中指定列的当前值（只能指定一个外部行上下文）
FILTER( )	返回一个表，用于表示另一个表或表达式的子集
KEEPFILTERS( )	计算 CALCULATE 或 CALCULATETABLE 函数时，修改应用筛选器的方式
LOOKUPVALUE( )	返回满足搜索条件所指定的所有条件的行的值
REMOVEFILTERS( )	清除指定表或列中的筛选器
SELECTEDVALUE( )	如果筛选 columnName 的上下文后仅剩下一个非重复值，则返回该值

2. 数学函数

DAX 中的数学函数用于实现诸如三角运算、数据舍入、指数和对数、求和以及求绝对值等功能，见表 C-2。

表 C-2 数学函数

	函数名	描述	函数名	描述
三角函数	SIN()	正弦函数	ASIN()	反正弦函数
	COS()	余弦函数	ACOS()	反余弦函数
	TAN()	正切函数	ATAN()	反正切函数
	COT()	余切函数	ACOT()	反余切函数
双曲函数	SINH()	双曲正弦函数	ASINH()	反双曲正弦函数
	COSH()	双曲余弦函数	ACOSH()	反双曲余弦函数
	TANH()	双曲正切函数	ATANH()	反双曲正切函数
	ACOT()	双曲余切函数	ACOTH()	反双曲余切函数
数据舍入	EVEN()	向上舍入到最接近的偶数	CEILING()	向上舍入
	INT()	向下舍入到最接近的整数	ODD()	向上舍入到最接近的基数
	FLOOR()	向下舍入到最接近的基数倍	ROUND()	舍入到指定位数
指数和对数函数	LN()	自然对数	EXP()	e 的指定次方
	LOG()	指定底数的对数	LOG10()	底为 10 的对数
其他	ABS()	求绝对值	SQRT()	求非负平方根
	SUM()	按列求和	POWER()	乘幂
	SUMX()	按行求和	PI()	π值

3. 逻辑函数

DAX 逻辑函数对表达式有效，用于返回表达式中值或集的信息，见表 C-3。例如，可以使用 IF 函数检查表达式的结果并创建条件结果。

表 C-3 逻辑函数

函数名	描述	函数名	描述
AND()	逻辑表达式与	FALSE()	逻辑值 False
OR()	逻辑表达式或	IF()	条件表达式
NOT()	逻辑表达式非	SWITCH()	条件表达式
TRUE()	逻辑值 True		

4. 统计函数

DAX 提供了许多用于创建聚合（例如求和、计数和平均值）的统计函数，见表 C-4。这些函数与 Microsoft Excel 使用的聚合函数非常相似。

表 C-4 统计函数

函数名	描述
AVERAGE()	返回列中所有数字的平均值
AVERAGEA()	返回列中包含文本和非数字值的平均值
AVERAGEX()	计算针对表进行计算的一组表达式的平均值
COUNT()	统计列中包含数字的单元格的数目
COUNTA()	统计列中不为空的单元格的数目
COUNTAX()	在对表计算表达式的结果时统计非空白结果数
COUNTBLANK()	对列中的空白单元格数目进行计数

（续）

函数名	描述
COUNTX()	在针对表计算表达式的结果时，对包含数字或计算结果为数字的表达式的行进行计数
DISTINCTCOUNT()	对列中的非重复值进行计数
MAX()	返回列中或两个标量表达式之间的最大值
MAXA()	返回列中的最大值
MAXX()	针对表的每一行计算表达式，并返回最大值
MEDIAN()	返回列中数字的中值
MEDIANX()	返回针对表中的每一行计算的表达式的中值
MIN()	返回列中或两个标量表达式之间的最小值
MINA()	返回列中的最小值，包括任何逻辑值和以文本表示的数字
MINX()	返回针对表中的每一行计算表达式而得出的最小值

5. 日期和时间函数

DAX 中有很多与 Excel 日期和时间函数类似的函数（见表 C-5），不过，DAX 函数使用日期/时间数据类型，可以将列中的值用作参数。

表 C-5　日期和时间函数

函数名	描述
CALENDAR()	按指定的日期范围生成一个连续日期的表
CALENDARAUTO()	按指定的日期范围生成一个连续日期的表
DATE()	以日期/时间格式返回指定的日期
DATEDIFF()	返回两个日期的时间间隔
DATEVALUE()	将文本格式的日期转换为日期/时间格式的日期
YEAR()	返回日期的年份
MONTH()	以数字形式返回月份值
DAY()	返回一月中的日期，1~31 之间的数字
HOUR()	以数字形式返回小时值
MINUTE()	给定日期和时间值，以数字形式返回分钟值
SECOND()	以数字形式返回时间值的秒数
NOW()	以日期/时间格式返回当前日期和时间
TODAY()	返回当前日期
QUARTER()	将季度返回 1~4 的数值
TIME()	将小时、分钟和秒数转换为日期/时间格式的时间
TIMEVALUE()	将文本格式的时间转换为日期/时间格式的时间
WEEKDAY()	返回表示指定日期是星期几的数字

6. 表操作函数

DAX 中的表操作函数可以按照一定的规则生成一张表或者对表进行各种操作，见表 C-6。

表 C-6　表操作函数

函数名	描述
ADDCOLUMNS()	将计算列添加到给定的表或表表达式
ADDMISSINGITEMS()	向表添加多个列中的项组合
CROSSJOIN()	返回一个表，其中包含参数中所有表的所有行的笛卡儿乘积
CURRENTGROUP()	从 GroupBy 表达式的 table 参数中返回一组行
DATATABLE()	提供用于声明内联数据值集的机制
DETAILROWS()	计算为度量值定义的详细信息行表达式并返回数据
DISTINCT	去除某列中重复的数据或者表中重复的行
EXCEPT()	返回一个表中未在另一个表中出现的行
FILTERS()	返回由直接作为筛选器应用到 columnName 的值组成的表
GENERATE()	返回一个表，其中包含 table1 中的每一行与在 table1 的当前行的上下文中计算 table2 所得表之间的笛卡儿乘积。当对 table2 的计算返回空记录时，移除所有空值对应的 table1 当前行
GENERATEALL()	返回一个表，其中包含 table1 中的每一行与在 table1 的当前行的上下文中计算 table2 所得表之间的笛卡儿乘积。当对 table2 的计算返回空记录时，将 table1 的当前行包含在结果中
GENERATESERIES()	返回包含算术序列值的单列表
GROUPBY()	与 SUMMARIZE 函数类似，GroupBy 不会对它添加的任何扩展列执行隐式 CALCULATE
SUMMARIZE()	返回一个摘要表，显示对一组函数的请求总数
VALUES()	返回单列表，其中包含指定表或列中的非重复值
ROW()	返回一个具有单行的表，其中包含针对每一列计算表达式得出的值
ROLLUP()	通过向由 groupBy_columnName 参数定义的列的结果添加汇总行，修改 SUMMARIZE 的行为
SELECTCOLUMNS()	将计算列添加到给定的表或表表达式
TOPN()	返回指定表的前 N 行